20 MITOS Y REALIDADES DEL FRACKING

Equipo de Trabajo:

Pablo Bertinat, Eduardo D´Elia,
Observatorio Petrolero Sur, Roberto Ochandio,
Maristella Svampa y Enrique Viale

Colección
Chico Mendes

Editorial
El Colectivo

Buenos Aires, 2014

20 Mitos y realidades del fracking / AAVV - 1a ed. - Buenos Aires: El Colectivo, 2014.
260p. ; 22x15 cm. (Chico Mendes)

ISBN 978-987-1497-69-0
Reimpresión de la 1era edición, Quito: Fundación Rosa Luxemburg oficina Región Andina, 2014.

CDD 338.272 8
Fecha de catalogación: 02/09/2014

Esta investigación fue llevada a cabo por el Equipo de trabajo firmante, sin apoyos externos. La publicación de la primera edición fue realizada por la Editorial El Colectivo y cofinanciada por la Fundación Rosa Luxemburgo Brasil/Cono Sur, con fondos del Ministerio Federal para la Cooperación Económica y el Desarrollo (BMZ).

FUNDACIÓN
ROSA
LUXEMBURGO

Diseño de tapa e interior: Alejandra Andreone
Corrección: Florencia Puente

Editorial El Colectivo
www.editorialelcolectivo.org
contacto.elcolectivo@gmail.com

La reimpresión para la Región Andina fue realizada en octubre de 2014 por la Oficina Andina de la Fundación Rosa Luxemburg con fondos del Ministerio Federal para la Cooperación Económica y el Desarrollo (BMZ). Esta reimpresión es de distribución gratuita.

Fundación
Rosa Luxemburg

Fundación Rosa Luxemburg
Miravalle N24-728 y Zaldumbide
(La Floresta)
Quito – Ecuador.
Teléfonos: (593-2) 2553771 / 6046945 / 6046946
email: info@rosalux.org.ec
www.rosalux.org.ec

INDICE

Prefacio

Las advertencias sobre los riesgos e incertidumbres causados por la dinámica industrial y la opción por un crecimiento económico exponencial e ilimitado, durante décadas desestimadas en nuestro país, actualmente ocupan un lugar en la agenda de amplios movimientos sociales y políticos. Así, aquellos megaproyectos que antes eran aceptados sin discusión por la población, hoy comienzan a convertirse en motivos de problematización y de intensos debates sociales. Los daños sistemáticos en el ecosistema –en algunos casos irreversibles–, que afectan y amenazan cada vez más el desarrollo y la reproducción de la vida, han volcado el tablero.

Los debates y decisiones que antes estaban reservados exclusivamente a los técnicos y las burocracias especializadas de las metrópolis hoy son disputados por la participación ciudadana, que en más de una oportunidad crece desde pueblos y parajes olvidados de la extensa geografía del país. Así ha sucedido con la megaminería a cielo abierto en nuestro país, alrededor de la cual, desde 2003, se han venido desarrollando fuertes resistencias y cuestionamientos. Asimismo, comienza a avizorarse con respecto al modelo sojero, sobre todo relacionado a sus impactos socio-sanitarios, al desplazamiento y criminalización de poblaciones campesinas e indígenas, al avance del desmonte y la tendencia al monocultivo.

La extracción de los hidrocarburos no convencionales, con la metodología de la fracturación hidráulica o *fracking* se inserta en este registro controversial, aún así posee rasgos propios que le dan un carácter más amplio y complejo. Los cuestionamientos científicos, las resistencias y los graves conflictos que está suscitando la imposición del *fracking* en diversas regiones del planeta, más aún, el horizonte civilizatorio que implica la consolidación de una determinada matriz energética, hacen necesaria la producción y divulgación de información plural, interdisciplinaria y crítica sobre el tema, así como la apertura de un debate verdaderamente democrático en nuestra sociedad.

Desde nuestra perspectiva, tres son los ejes esenciales en dicho debate colectivo. Uno, el eje que sostiene la necesidad de construir un enfoque integral y multidisciplinario; dos, el eje que defiende la pluralidad del saber científico y su independencia respecto de los diferentes poderes (económico, político, mediático, religioso); tres, el eje que conecta la discusión con la cuestión de la democracia y sus fronteras, esto es, que construye un abordaje complejo e interdisciplinario, en convergencia con una visión participativa de la democracia.

Así, el primer eje está vinculado a la multidisciplinariedad. Dada la complejidad del tema, así como el carácter controversial ya evocado, el debate sobre el *fracking* exige desarrollar un enfoque integral y multidisciplinario, que dé cuenta de las múltiples dimensiones que atraviesan la problemática, desde las más generales (la cuestión geopolítica, la cuestión de la matriz energética, la normativa especial que ésta genera, el rol de las empresas nacionales y las trasnacionales), pasando por aquellas estrictamente técnicas (si el *fracking* es una técnica segura o no; qué implicaciones puede tener en su carácter de técnica experimental, el impacto ambiental sobre el agua, sobre el territorio, sobre la salud de las personas y animales, sobre el cambio climático), hasta aquellas más políticas y sociales (qué sucede con las economías regionales; qué configuraciones urbanas y sociales aparecen asociadas a esta matriz, porqué se niega la participación de las poblaciones afectadas, qué cuestiones involucra la criminalización de las luchas, entre otros).

El segundo eje inserta esta discusión en un escenario de fuertes asimetrías de poder. Por un lado, es conocida la capacidad de lobby de las grandes corporaciones trasnacionales ligadas a la extracción de hidrocarburos, así como el lugar cada vez mayor que el *fracking*, de la mano de Estados Unidos, tiene en la agenda global. Por otro lado, hay que destacar el interés del gobierno argentino por identificar la explotación de hidrocarburos no convencionales con soberanía energética, en un contexto de fuerte déficit, lo cual lleva a descalificar o minimizar los diferentes argumentos que colocan el *fracking* en un campo de importantes riesgos e incertidumbres, negando así los impactos que este tipo de extracción pueda provocar en los ecosistemas y la salud de las poblaciones. A esto se suma que cualquier cuestionamiento sobre el *fracking*, conlleva también una discusión sobre la matriz energética, la cual en el caso argentino es fuertemente dependiente de los hidrocarburos. Y en este campo, antes que la apuesta por una transición en dirección hacia energías limpias y renovables, resulta claro que el gobierno nacional y los oficialismos provinciales han decidido profundizar la actual matriz energética, descalificando cualquier discusión o alternativa como "irrealista", o producto de visiones "fundamentalistas", ligadas a los movimientos y asambleas socioambientales y las organizaciones indígenas.

Todo ello torna aún más difícil y espinosa la cuestión, insertando el debate en una escena asimétrica, donde sólo unos pocos (los que avalan el *fracking*) tienen voz y difusión. En este sentido, es importante destacar que la aprobación del convenio entre YPF-Chevron-provincia del Neuquén (28 de agosto de 2013), habilitó el ingreso a gran escala del *fracking* en nuestro país. A través de una fuerte campaña publicitaria, que no ha escatimado medios económicos ni simbólicos, el gobierno nacional y sus socios provinciales han buscado establecer una suerte de consenso sobre el *fracking*, dando a entender que la discusión ya fue saldada y que las dudas han sido evacuadas. La defensa del *fracking* aparece, además, avalada por técnicos y expertos, mayormente ligados al mundo de las empresas petroleras, que creen detentar el monopolio del saber, y se escudan detrás de una concepción monolítica y cerrada de la ciencia. Muchas de esas voces expertas tienen intereses económicos claros o, en su defecto, han naturalizado la actual matriz energética y el desarrollo de la industria hidrocarburífera, a la cual aceptan sin cuestionamientos. Así, muchas de esas voces, interesadamente o no, piensan que no existe otra alternativa que la que propone el gobierno, a través de la YPF modelo 2012 y sus socios transnacionales, y tienden a acantonarse en una defensa acérrima del actual modelo energético.

Es por esta razón que en un contexto cada vez más unilateral –y monocromático– de avasallamiento y de cierre de los canales de discusión sobre el tema, la producción de un saber experto independiente tanto del poder económico como del poder político, se hace imprescindible. Se trata de producir y sistematizar información y conocimiento de manera clara, veraz y fundada, en gran medida muy poco accesible al público que está o puede estar interesado en el tema, así como a las comunidades que cuestionan el *fracking* y desconfían de las fórmulas triunfalistas de los gobiernos y empresas.

Es por esta razón también que consideramos necesario incorporar los más diversos saberes y disciplinas científicas, a fin de problematizar aquello que algunos expertos y políticos buscan acotar y redefinir como una cuestión estrictamente técnica, como si la temática fuera monopolio exclusivo de los especialistas del campo del petróleo. Ante esa mirada acotada, proponemos la conjunción de diversos saberes y disciplinas científicas: el equipo así conformado para la elaboración de este libro está constituido por un ingeniero especialista en petróleo (Eduardo D´Elía), un geógrafo y técnico con trayectoria en el campo del petróleo (Roberto Ochandio), un ingeniero especialista en temas de energía (Pablo Bertinat), un abogado especialista en cuestiones ambientales (Enrique Viale), un periodista y un especialista en ciencias políticas (Hernán Scandizzo y Diego di Risio, de Observatorio Petrolero Sur) y una doctora en sociología (Maristella Svampa).

En tercer lugar, estamos convencidos que además de ser un debate colectivo, en el mismo tienen un rol fundamental las comunidades afectadas. En nuestro país, son cada vez más las voces de los pueblos originarios, organizaciones multisectoriales y asambleas ciudadanas, que reivindican su derecho a decidir respecto de la sustentabilidad o no de megaproyectos que ponen en vilo formas de vida y horizontes colectivos. Como hemos señalado en este prefacio, creemos que no sólo está en cuestión lo que entendemos por modelo de desarrollo y su relación con la problemática ambiental; sino también lo que entendemos por democracia, quiénes tienen derecho a decidir y porqué. Más simple, se trata de abrir la discusión sobre la cuestión de la democratización de las decisiones colectivas. Así, esta es una disputa que nos coloca en las fronteras mismas de la democracia, que habla acerca de su posibilidad y de su alcance.

20 mitos y realidades del fracking en Argentina tiene por objetivo proporcionar información veraz y documentada, apoyada en una argumentación pluridisciplinar, sobre este tema tan complejo y controversial.

Tal como lo habíamos hecho respecto de la megaminería, por esta vía, apuntamos a deconstruir el discurso hegemónico y los lugares comunes sobre el *fracking*, desmontando y desactivando los "mitos" que sobre la explotación de los hidrocarburos no convencionales y a gran escala repiten con total impunidad sus actuales defensores (corporaciones petroleras, representantes del gobierno nacional y de las diferentes provincias petroleras, voceros periodísticos y cierto saber experto, como institutos ligados a la industria petrolera), amparados en la escasa información y conocimiento que el argentino medio tiene sobre estos temas.

Finalmente, el libro que presentamos aquí es tanto la conjunción de diferentes disciplinas como el producto de un intenso trabajo colectivo. Y aunque hayamos optado por señalar quienes han contribuido de modo fundamental en la elaboración de cada mito, cabe aclarar que el libro es producto del trabajo y la discusión colectiva, que ha llevado varios meses de reuniones y múltiples escrituras, hasta llegar a esta versión consensuada que hoy ofrecemos al público. Pero por sobre todas las cosas, es un libro que apunta a romper con la visión monolítica que hoy se impone sobre el *fracking* a partir de la producción de un saber experto independiente. Una tarea necesaria y cada vez más difícil en un contexto de invisibilización de las críticas y de los cuestionamientos que colectivos de ciudadanos y miembros de la comunidad científica hacen actualmente sobre el *fracking*.

Agradecemos a la editorial El Colectivo, vinculada al Frente Popular Darío Santillán, por el compromiso asumido con estos temas, no siempre visibles desde las grandes urbes. Asimismo, nuestro agradecimiento a la Fundación Rosa Luxemburg por el apoyo económico en la coedición de este libro. Y nuestra dedicatoria a aquellos y aquellas personas que desde las asambleas, organizaciones mutisectoriales y pueblos originarios reclaman la necesidad de un debate acerca de los modelos de desarrollo, el respeto del ambiente y las formas de participación.

Aunque somos conscientes del debate desigual en el que se inserta este trabajo, esperamos poder contribuir a pensar una sociedad mejor, más respetuosa del futuro de las próximas generaciones, más crítica y plural en su concepción de la vida y la democracia.

Los autores, Julio del 2014.
Desde Buenos Aires, Esquel, Morón, Río Gallegos y Rosario.

Primer eje:
Cuestiones geopolíticas. Fracking y panorama internacional

1 - ¿Qué es la fractura hidráulica o fracking? ¿Es una técnica experimental? ¿Cuáles son sus etapas y características? ¿Qué son los hidrocarburos no convencionales?

Aportes de Eduardo D´Elía y Roberto Ochandio

La fractura hidráulica o *fracking* es una técnica experimental por la cual se logra extraer el gas o el crudo atrapado en las rocas desde hace millones de años. Consiste en la inyección a altas presiones de agua, arena y productos químicos a las formaciones rocosas ricas en hidrocarburos, a fin de incrementar su permeabilidad y, con ello, mejorar la extracción de los mismos.

Cabe aclarar que la tecnología de la fractura hidráulica es empleada en la actividad petrolera desde hace más de 60 años. Sin embargo, hasta hace dos décadas, la técnica del *fracking* se empleaba exclusivamente en los yacimientos denominados convencionales, a fin de incrementar la extracción de hidrocarburos cuando estos declinaban su producción.

Por otro lado, al igual que la técnica del *fracking*, los hidrocarburos no convencionales son conocidos desde mucho tiempo atrás, pero no se habían explotado de forma intensiva. Sucede que las posibilidades de hallazgos de yacimientos convencionales es cada vez más remota al igual que la de encontrar los denominados yacimientos grandes o gigantes. Es así que, con la ampliación de la frontera tecnológica, se comenzó a buscar otras formas de yacimiento de hidrocarburos, los denominados no convencionales, de extracción técnicamente más difícil, económicamente más costosas y con mayores riesgos de contaminación.

Los yacimientos denominados no convencionales se pueden clasificar según su método de extracción.

· Extracción tipo minera: Esquistos bituminosos y Arenas bituminosas.
· Extracción por medio de pozos: Gas en arenas compactas (*Tigth gas*), Gas y petróleo de esquistos o pizarras (*Shale gas/Shale oil*), Petróleos extrapesados y Gas de carbón (*Coal bed methane*).
· Otros tipos de extracción: Hidratos de metano y Gas de pantanos

De todos los yacimientos mencionados, sólo a algunos de ellos se les aplica esta técnica de fractura hidráulica o *fracking* casi como única posibilidad de explotación. Estos son las arenas compactas, el *shale gas*, el *shale oil* y el gas de carbón, que se realizan a través de pozos dirigidos a las formaciones profundas.

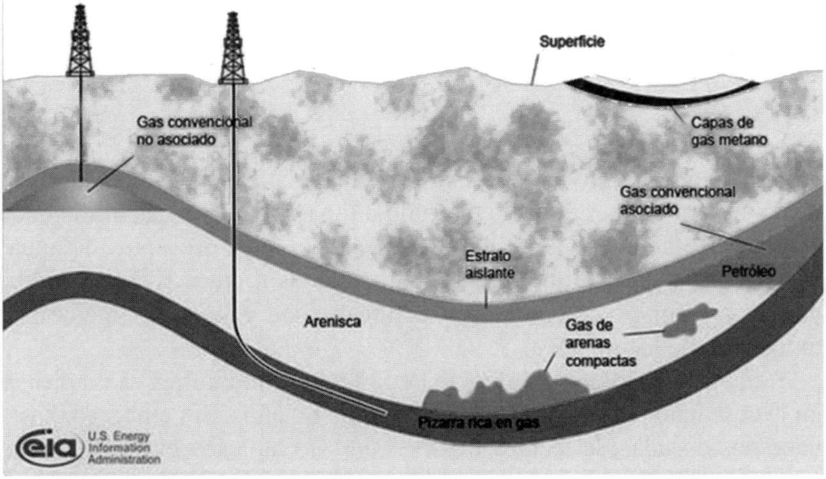

Diagrama esquemático de hidrocarburos convencionales y no convencionales
Fuente: Energy Information Administration (EIA), Estados Unidos.

En un pozo convencional la atracción de la gravedad lleva al trépano[1] en una dirección prácticamente vertical hacia abajo, hasta llegar a

1 Trépano es la herramienta de corte localizado en el extremo inferior de la sarta de perforación que se utiliza para cortar o triturar la formación durante el proceso de la perforación rotatoria de un pozo petrolero. Los trépanos tienen huecos para permitir el paso del fluido de perforación, que sale a chorros por picos intercambiables. El

las formaciones productivas. Este es el método usado en millones de pozos desde el comienzo de la industria petrolera. Sin embargo, en la actualidad, la tecnología moderna permite perforar pozos dirigidos, es decir, siguiendo una trayectoria predefinida diferente de la vertical. De esta manera no convencional se puede alcanzar formaciones antes inaccesibles (bajo la línea costera, o bajo instalaciones en lugares urbanos) o, como en el caso de formaciones de *shale*, también se puede perforar a lo largo de la formación para maximizar el área expuesta a la extracción. Esto implica pozos horizontales o simplemente dirigidos, como en Vaca Muerta.

De todos los yacimientos mencionados más arriba, en los que se aplica la técnica de *fracking*, los más controversiales son los de *shale*. El *shale* es una roca llamada madre o generadora, en donde los hidrocarburos se formaron hace millones de años. Estos reservorios tienen rocas con poros extremadamente pequeños, en donde los hidrocarburos se encuentran alojados. A su vez, estas rocas, prácticamente no tienen permeabilidad, esto significa que no hay vías de comunicación entre los poros. Esta condición geofísica hace que la única posibilidad de extraerlos sea provocando artificialmente un canal de comunicación, a fin de poder extraer los hidrocarburos allí alojados. Este canal artificial se provoca con la fractura hidráulica o *fracking,* y permite que los hidrocarburos se desplacen hacia el interior del pozo y puedan ser extraídos a la superficie.

Es importante aclarar que el término inglés *shale* no tiene una traducción exacta al español, aunque a veces se usan como sinónimos esquistos, lutitas, pizarras, o pelitas. En la Argentina las formaciones de este tipo más conocidas son Vaca Muerta y Los Molles, en la Cuenca Neuquina; D-129 y Aguada Bandera en Golfo San Jorge, entre otras. También hay otras cuencas menos exploradas en Argentina como la Chaco Paranaense, que en nuestro país cubre la Mesopotamia y región Chaqueña, y se extiende más allá de las fronteras abarcando parte de Uruguay y Paraguay, sur de Brasil y el oriente de Bolivia.

Los pasos o etapas de la extracción de los hidrocarburos no convencionales, a través del *fracking*, en un pozo de *shale* o esquistos, son los siguientes:

Los pozos comienzan a perforarse verticalmente, tal como en yacimientos convencionales. A relativamente poca profundidad, se atraviesan formaciones de agua dulce, las que se aíslan mediante cañerías de acero "sostenidas" a las paredes del pozo con cemento.

---

fluido de perforación lubrica y refrigera el trépano y ayuda a expulsar la roca molida hacia la superficie

Una vez aisladas estas formaciones, se continúa perforando hasta llegar a un punto de inflexión denominado KOP (*Kick-Off Point*), en donde la perforación, en la mayoría de los casos, deja de ser vertical.

A partir del KOP, la perforación se dirige a la formación de *shale*, tratando de atravesar la mayor extensión posible de la misma. Esta perforación, vertical, inclinada u horizontal dentro del *shale*, permite maximizar el contacto con esta roca, rica en hidrocarburos, pero de muy baja permeabilidad. Una vez realizada la perforación, se introduce otra cañería hasta el final del pozo y se inyecta cemento en el espacio anular existente entre las paredes del pozo y la propia cañería.

Resulta importante añadir que en la actualidad la industria asume que el pozo es perfectamente vertical, la cañería de entubación está perfectamente centrada, y el anillo de cemento es suficiente para aislar todo tipo de pérdidas. Sin embargo, éste es raramente el caso, tal como se verá en el mito 8. El paso siguiente es "punzar" la cañería de entubación para permitir la comunicación con la formación rocosa. La operación se realiza mediante cargas explosivas transportadas hasta el fondo del pozo mediante un "cañón" de punzamiento. Las explosiones abren agujeros en la cañería, penetrando la cementación y la formación rocosa. Este procedimiento es común a todos los pozos, convencionales y no convencionales.

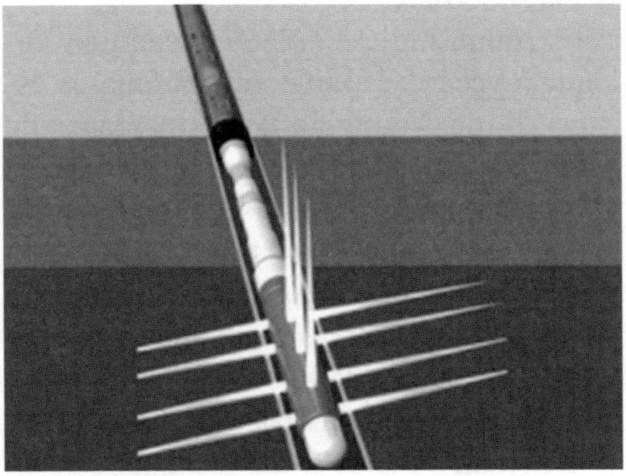

Imagen de punzado.
Fuente: Ingeniería de Petróleo. Perú.

Sin embargo esto no es suficiente para permitir la extracción del hidrocarburo en un pozo no convencional dado que la roca tiene muy baja permeabilidad y no permite el flujo del gas o petróleo. Además de punzar la cañería, es necesario, ahora, fracturar la roca. Para ello, se inyectan en el pozo grandes volúmenes de agua a alta presión con arena y productos químicos, que buscan salida a través de los punzados y hacen que la roca se fracture en millones de partes. Estas fracturas se abren gracias a la gran presión ejercida y a la ayuda de los productos químicos utilizados. Para que las fracturas sigan abiertas una vez que la presión vuelva a la normalidad, la arena o material de sostén se aloja dentro de las grietas y evita que estas se cierren.

Las fracturas vinculan a los pequeñísimos poros en donde los hidrocarburos se encuentran alojados, permitiendo que circulen hacia el pozo y de ahí se extraigan a la superficie.

Inmediatamente después de efectuada la fractura, al disminuir la presión de los equipos de bombeo, el gas y petróleo así liberado sale a la superficie arrastrando con ellos gran parte de los fluidos inyectados. Dependiendo de las condiciones de la locación del pozo y del tipo de hidrocarburo, este fluido de retorno (*flowback*) puede volcarse directamente a piletones de superficie excavados al efecto, o a tanques colectores.

Este fluido de retorno es un desecho que no consiste sólo de agua sino de un coctel de todos los productos químicos usados en la fractura, más los que naturalmente se encuentran en la formación y son arrastrados hacia la superficie. Todos estos productos se "purgan" en los piletones designados hasta que el gas o petróleo sale limpio como para enviarlo a las plantas de procesamiento.

El último paso es la colocación de un cabezal de pozo (llamado árbol de navidad), que está diseñado y calibrado a una presión nominal específica para la operación de fracturación. La vida productiva estimada de un pozo no convencional es de seis años, con una marcada caída de producción de forma inmediata. Al cabo del primer año la producción puede caer hasta un 70%, mientras que en treinta y seis meses puede haber entre 79 y 95% de pérdida de producción (Hughes, 2013)

En general se divide el pozo en zonas de fractura a fin de limitar el volumen de fluidos y arena y el tiempo dedicado a cada una de ellas. Cada zona de fractura puede requerir hasta tres horas de bombeo continuo a alta presión para inyectar el volumen requerido.

¿Cómo funciona la fracturación hidráulica?

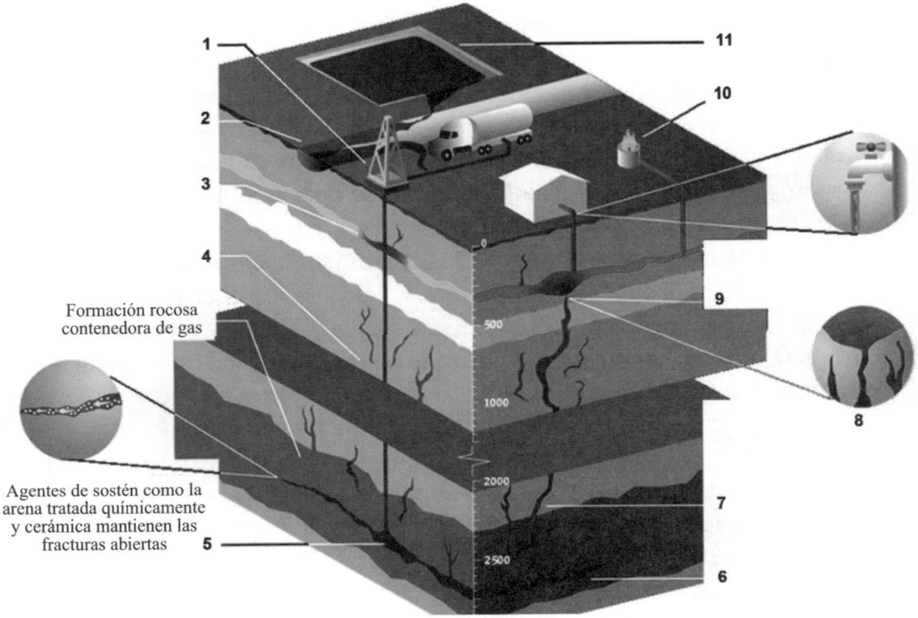

Fuente: http://medioambienteblog.blogspot.com.ar/2012/04/como-funciona-la-fractura hidraulica.html

1. Una mezcla de millones de litros de agua tratada químicamente, arena y productos tóxicos se inyecta a alta presión en los pozos perforados.

2. Líquidos tóxicos usados en la fracturación se derraman de las tuberías, válvulas abiertas y vehículos de transporte contaminando los arroyos locales.

3. El líquido de la fracturación se filtra por las fisuras y contamina los acuíferos.

4. El fluido de la fracturación es bombeado 2.000 metros o más hacia abajo, y una distancia similar en horizontal para liberar el gas natural.

5. El fluido inyectado a alta presión crea facturas y libera el gas natural.

6. La mayoría del líquido usado en la fracturación permanece en el subsuelo y no es biodegradable.

7. La alta presión genera más fracturas, liberando gas metano y forzando el ascenso por las grietas del líquido tóxico producto de la fracturación.

8. Fluidos tóxicos producto de la fracturación con bencano, metano y otras sustancias cancerígenas penetran y contaminan los acuíferos locales.

9. Bombas de agua residenciales bombean a los hogares agua insana para su uso desde pozos de acuíferos contaminados.

10. El gas metano concentrado origina el agua inflamable y gases venenosos.

11. Los fluidos tóxicos resultado de la fracturación se vierten en balsas mal construidas, a veces sin aislamiento, y se filtran en los arroyos y acuíferos locales.

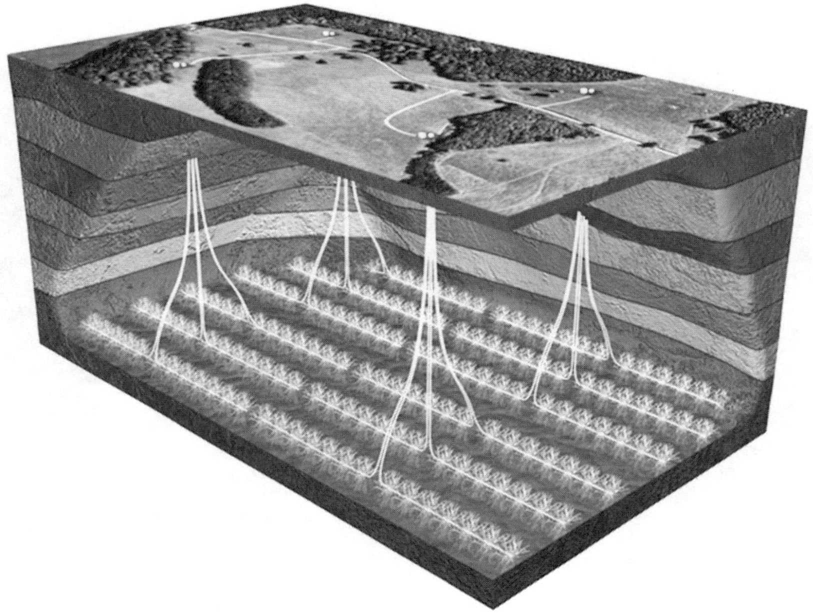

Plataformas multipozos (cortesía de Statoil)
Fuente: Shale Gas Fracking. WaterWorld: www.waterworld.com

Los modernos métodos de perforación permiten alcanzar distintas partes del reservorio desde una misma plataforma central. Las plataformas pueden incluir más de un pozo, y en algunos casos hasta veinticuatro pozos.

Cada una de estas plataformas requiere una superficie lo suficientemente grande –entre 1 y 1,5 hectáreas– como para permitir el despliegue y almacenaje de los fluidos y los equipos necesarios para la perforación del pozo y las operaciones de fractura hidráulica. Estas plataformas acceden solamente a una pequeña área del yacimiento que se pretende explotar, por lo que es común que se dispongan múltiples plataformas sobre el mismo. Es por ello que se habla de una utilización intensiva del territorio.

Un único pozo, perforado verticalmente hasta 2 km, y horizontalmente hasta 1,2 km, remueve alrededor de 140 m^3 de tierra, por lo que una plataforma promedio remueve alrededor de 830 m^3, casi diez veces más que un pozo convencional perforado a 2 km de profundidad.

Despliegue territorial durante un proceso de fractura hidráulica.
Fuente: Shale gas: a provisional assessment of climate change and environmental impacts. Tyndall Centre for Climate Change Research.

(1) Cabeza de pozo y "árbol de navidad"
(2) Línea de flujo (para reflujo y testeo)
(3) Separador de arena para el reflujo
(4) Tanques para el reflujo
(5) Calentadores de línea
(6) "Fósforo" o mechero
(7) Camiones de bombeo
(8) Depósitos de arena
(9) Camiones para el transporte de arena
(10) Camiones para el transporte de ácido
(11) Camiones con aditivos químicos
(12) Mezcladora
(13) Centro de monitoreo y control de fractura
(14) Embalse de agua potable
(15) Cañería para el abastecimiento de agua potable
(16) Tanques extra
(17) Calentadores de línea
(18) Separador deslizante
(19) Colector de producción

A pesar del monitoreo que se hace en superficie para controlar la evolución de las fracturas, no se puede evitar que algunas de ellas alcancen zonas porosas y permeables, por fuera de la formación a fracturar. Tampoco se puede evitar la comunicación de las tremendas presiones a través de cañerías o cementaciones defectuosas. Como consecuencia, tanto los fluidos de fractura como los hidrocarburos de formación pueden comunicarse con las capas de agua dulce o incluso con la superficie. Por estas razones se califica a la fractura hidráulica como una "técnica experimental".

Por otro lado, este monitoreo sólo es controlado por las propias compañías petroleras; esto es, no existe obligación de contar con la presencia del Estado o de controles independientes durante esta delicada, riesgosa e irreversible operación. Asimismo, la fractura en pozos gasíferos resulta en el venteo y liberación en superficie de grandes cantidades de gas metano, precursor del calentamiento global, más gases tóxicos tales como compuestos orgánicos volátiles, hidrocarburos aromáticos polisaturados, metales pesados, y elementos radioactivos. Esta operación a escala industrial, efectuada sin control y al aire libre, expone a la población a una variedad de enfermedades, y al medio ambiente a condiciones extremas de contaminación, de la cual sólo el paso del tiempo puede determinar las consecuencias.

Fila de camiones, en el pozo de fracking de Auca Mahuida, en Neuquén, operado por la compañía francesa Total.

Fuente: http://www.opsur.org.ar/blog/2014/05/16/total-y-el-avance-no-convencional/

Así, las técnicas usadas para la extracción de los no convencionales nos muestran una vez más cómo la expansión de la frontera tecnológica tiene una aplicación práctica inmediata. Hasta hace unos 20 años hubiera sido impensable la perforación de un pozo direccional con la precisión que se hace actualmente. Esto permite alcanzar depósitos de hidrocarburos que estaban técnica y económicamente fuera de alcance y, al mismo tiempo, le permite a la humanidad seguir viviendo el sueño (o la pesadilla) de crecimiento ilimitado basado en energías no renovables.

Como veremos a lo largo de este libro, a diferencia de la fractura hidráulica usada por largo tiempo en pozos convencionales, la nueva fractura hidráulica usa volúmenes enormes de agua, arena y productos químicos, lo cual produce una degradación del suelo, el aire y el agua, así como daños irreversibles en el ecosistema. La única razón para implementar esta técnica extractiva es, lisa y llanamente, que en el mundo ya no quedan reservorios de hidrocarburos convencionales, pese a lo cual se insiste en profundizar una matriz energética basada en la extracción y consumo masivo de combustibles fósiles.

Fuentes consultadas

Fundación Ecosur (2012), *Fractura hidráulica o fracking*, Cartilla de lectura, disponible en: http://www.fundacionecosur.org.ar/doc/Modos%20de%20Produccion/Cartilla_Lectura-1.pdf

Hughes, David (2013), *Drill, Baby, Drill: Can Unconventional Fuels Usher in a New Era of Energy Abundance?*, Pp.50-54, Post carbon Institute, disponible en: http://www.postcarbon.org/reports/DBD-report-FINAL.pdf

Ramos, Paco (2012), "¿En qué consiste la fractura hidráulica?", en Pablo Cotarelo (ed), *Agrietando el futuro. La amenaza de la fractura hidráulica en la era del cambio climático,* Madrid, Ecologistas en Acción.

Observatorio Petrolero Sur (2012)*, Shale gas: hacia la conquista de la nueva frontera extractiva,* 1 de julio de 2011, disponible en: http://wp.me/p1NWJb-67M.

Tyndall Centre for Climate Research. (2011), *Shale gas: a provisional assessment of climate change and environmental impacts,* disponible en: http://www.tyndall.ac.uk/sites/default/files/tyndall-coop_shale_gas_report_final.pdf

2 - A nivel global, ¿cuál ha sido el rol de las empresas petroleras con respecto a los yacimientos no convencionales? ¿Y el de Estados Unidos?

Aportes de Observatorio Petrolero Sur
y Eduardo D´Elía

En los últimos 150 años, nuestra civilización ha estado basada en la explotación de combustibles fósiles. En este corto lapso de tiempo, hemos venido extrayendo y consumiendo de manera creciente recursos energéticos no renovables que la naturaleza tardó millones de años en crear. En la actualidad, a nivel global, estos recursos no renovables constituyen el 89% de la energía utilizada[1], y de este alto porcentaje, el 81% proviene del carbono: gas, petróleo y carbón (Repsol, 2012). Desde el inicio de la era de los fósiles hasta el momento hemos consumido en el planeta 140.000 millones de metros cúbicos de petróleo (Rifkin, 2002). La mayor parte de este volumen fue quemado y el resto tuvo fines no energéticos (petroquímica, fertilizantes, materiales de diverso tipo).

Pero la extensión del consumo no implica que éste sea homogéneo, ya que presenta fuertes rasgos de concentración. En la actualidad, según datos de la Agencia de Información Energética de Estados Unidos (EIA, por sus siglas en inglés), sobresalen Estados Unidos con un consumo de

1 Este porcentaje corresponde a la suma de petróleo (33%), carbón (27%), gas natural (21%), nuclear (6%) e hidráulica (2%). Datos tomados del World Energy Outlook de 2011, elaborado por la Agencia Internacional de la Energía (AIE).

3 millones de metros cúbicos por día, China con 1,6 millones, Japón con 747.000, Brasil con 445.000 y Alemania con 445.000. Mientras tanto, más de 200 países, incluida la Argentina, con 111.000, consumen menos de 160.000metros cúbicos por día (EIA, 2012).

En esta línea, los hidrocarburos no sólo han sido un motor de cambio y de expansión del consumo sino que han estado asociados a la concentración de poder. Nadie podría negar que entre el grupo de las mayores empresas transnacionales a nivel global, las empresas petroleras ocupan un lugar destacado. Dichas empresas, conocidas como Compañías Petroleras Internacionales (CPI), poseen un gran poder de *lobby* y fuertes vasos comunicantes con el poder político, tanto en países centrales, a los que generalmente pertenecen, como en periféricos y dependientes. En este grupo destacan ExxonMobil, Chevron, Total, Shell, British Petroleum, entre otras.

Para los países periféricos, la fortuna de contar o no con tales recursos estratégicos, y que sea el Estado quien controla y se apropie de dicha renta, ha sido una puja permanente. Esto suele identificarse con la idea misma de soberanía. No en vano, a mediados del siglo XX, la expansión de las Compañías Petroleras Nacionales (CPN) en América Latina, aparecía vinculada a ideales de autodeterminación e industrialización. La historia misma de YPF, que fue el modelo que adoptaron otras petroleras estatales en Sudamérica, desde su creación en 1922 hasta su privatización en la década de los noventa, es un ejemplo de ello. YPF no sólo participaba de toda la cadena, desde la extracción hasta a la comercialización final, sino que su expansión conllevó el fortalecimiento de las economías regionales y del Estado nacional en los territorios conquistados hacía pocas décadas, como fue el caso de la Patagonia y el norte de Salta (Plataforma, 2012; di Risio et al., 2012).

La aparición y fortalecimiento de las CPN constriñó el acceso al petróleo de países centrales y sus CPI, por lo que lo que los combustibles fósiles han sido sinónimo de luchas de poder y de guerras imperialistas. Ejemplo de esto es lo ocurrido en 2003, cuando George W. Bush (h), entonces presidente de Estados Unidos e histórico accionista petrolero, impulsó la invasión a Irak, junto con Japón, Australia y aliados europeos. El objetivo no era otro que tomar el control del petróleo de ese país, una de las principales reservas de crudo, dejando graves secuelas sociales y políticas que todavía pesan enormemente en Irak y en la agenda global.

A pesar de la violencia explícita para acceder al crudo, hoy en día la mayoría de las reservas globales convencionales se encuentran bajo control de las CPN: las CPI pasaron de un 85%, en 1960, a sólo un 6% (Little, 2010). Esto se conjuga con que el petróleo "fácil y seguro" para las CPI ha entrado en su declive natural, como sucede en el Mar del Norte. Si bien son conocidos más de setenta mil yacimientos, sólo cien proveen aproximadamente la mitad de la oferta global y muchos de ellos han pasado su pico productivo o se espera que lo alcancen en el corto plazo (UK *Energy Research Centre,* 2009). En este sentido, el estancamiento en la extracción de petróleo convencional a nivel global, que se conoce como "pico de petróleo", es principalmente un problema de las CPI, las mayores aportantes a la oferta global.

De diversas maneras se busca morigerar el impacto del fin de la era petrolera, que se manifiesta en el achicamiento en la oferta. Algunos países europeos planifican diversificar su matriz energética, aunque siguen manteniendo un consumo per cápita alto, mientras sus pares latinoamericanos intentan disminuir su dependencia de combustibles importados. Más allá de los resultados, estas decisiones, centrales para el devenir de la humanidad, se concentran en pocas manos, estrechamente vinculadas con los intereses corporativos, que no están interesadas en el desarrollo de nuevas alternativas estratégicas, en particular en las energías sustentables y renovables. Antes bien, apuntan "a extender en el tiempo su esquema de producto y de línea comercial. Por un lado, promueven extraer cualquier tipo de petróleo o gas, al precio ambiental y social que sea; por otro lado, piensan en disponer de productos finales similares a los derivados del petróleo, como por ejemplo, los agrocombustibles" (Menéndez, Sánchez y López, 2012: 17).

En este sentido, y en línea con lo planteado previamente, las CPI han buscado salir del atolladero con innovación tecnológica que permitiera acceder/incorporar al mercado yacimientos que no había sido posible explotar, los llamados no convencionales. Si bien existen muchas definiciones, en términos generales aquí se incluyen aquellos que se destacan por su baja porosidad y/o permeabilidad y que necesitan obligatoriamente nuevas técnicas, siendo una de estas el *fracking* o fractura hidráulica. Como se ve en otros mitos de este libro, la explotación de estos yacimientos, por lo general, es mucho más costosa, con tasas menores de rendimiento energético y de mayor degradación ambiental y climática. Un hecho central que ha posibilitado la apertura de estas formaciones es el precio del barril, que en los últimos años se mantiene cerca los US$ 100 y la ampliación de la frontera tecnológica antes mencionada.

Las proyecciones a largo plazo de las grandes corporaciones demuestran una creciente importancia de este tipo de yacimientos (Heinrich Böll Stiftung et al., 2011). Al dirigir su esquema de negocios hacia los no convencionales, las CPI han tenido en los últimos años una agresiva estrategia de asegurar su presencia en regiones que les permitan el acceso a éstos.

La "revolución de los no convencionales" le permitió a Estados Unidos incrementar exponencialmente la oferta interna de hidrocarburos, especialmente de gas, a partir de la explotación masiva de yacimientos de *tight y shale.* Según funcionarios del gobierno estadounidense, en el último lustro el gas extraído de este tipo de yacimientos representó el 50% del total de la producción del país, que, en 2010, fue el mayor productor a nivel global (Cekuta, 2012). Este "boom" envalentonó a propios y ajenos para trazar un horizonte de autosuficiencia energética y potencial exportación de fósiles hacia los mercados globales. Pero esta historia de éxito parece no sostenerse en el mediano plazo ya que las operadoras estarían sobreestimando las reservas entre un 100% y un 500%. Esto debido a que se exageró con respecto a la productividad de los pozos, al no tener en cuenta la rápida caída en los volúmenes de extracción. Diversos análisis señalan que incluso al año de su puesta en producción su rendimiento fue de entre un 20% y un 37% de lo estimado. En el plano general, en cuatro de los seis yacimientos en producción los volúmenes comenzaron ya a decaer (Flues y Antoine, 2014). En el mismo sentido, la Agencia Internacional de la Energía, a contramano de su predicción de 2012 según la cual Estados Unidos superaría a Arabia Saudita como exportador de crudo en 2020,en junio de en 2014 vaticinó que para 2020 la producción comenzaría a declinar (Heinberg, 2014).

Pero esto no implica que Estados Unidos haya perdido interés en los no convencionales y los mercados energéticos que se abren a partir de su explotación. La estrategia previamente descripta se entronca en el paradigma de "seguridad energética" que, en boca de funcionarios del Departamento de Estado de Estados Unidos (DoE), es entendida como la disponibilidad global de diversas fuentes de energía, asequibles y fiables, que aporten a la previsibilidad y a la baja de precios (Pascual, 2011; Goldwyn, 2010). En este sentido, el gobierno de Estados Unidos no pretende desligarse del devenir del mercado energético, globalizado y financiarizado como pocos, sino apuntalar y dinamizar la oferta en busca de garantizar la circulación de los hidrocarburos y el buen funcionamiento de los mercados (OPSur, 2012).

A tal fin, y en lo que a los no convencionales concierne, el DoE creó distintas iniciativas para promocionar su desarrollo a nivel global. La más específica, el Programa para el Compromiso Técnico en Gas no Convencional (UGTEP, por sus siglas en inglés), busca –según argumenta– dar asistencia a los países para identificar y desarrollar de forma segura, sustentable y con bajo impacto ambiental, los recursos gasíferos de yacimientos no convencionales a través de marcos regulatorios jurídicos y fiscales apropiados. En otras palabras, según el mismo DoE, su objetivo último es lograr una mayor seguridad energética, metas ambientales (por considerar al gas como "combustible puente" frente al cambio climático, un hecho que se encuentra muy cuestionado, ver mito 11) y profundizar los intereses económicos y comerciales de Estados Unidos. Entre los países mencionados se encuentran la Argentina, Brasil, China, India, Jordania y Polonia (ibid.).[2]

El contenido específico de los acuerdos no es informado, por lo que el alcance de este programa permanece como una incógnita. Aun así, se ha dado a publicidad el reporte de asesoría –convenio celebrado entre la agencia de cooperación estadounidense (USAID) y Ucrania– donde se desprenden importantes puntos sobre cómo consideran las instancias gubernamentales que tendría que desarrollarse el *shale* gas, al menos en ese país. Vale resaltar que dichas recomendaciones trascienden las políticas públicas, al enfocarse también en metodologías para gestionar el conflicto social y las resistencias que puedan presentar las poblaciones locales.

Con respecto al marco jurídico, USAID recomendó centralizar y ordenar el complejo y contradictorio sistema de concesiones de Ucrania pero haciendo hincapié en la modalidad contractual, más allá de la legislación. En este sentido, recalcó que la modalidad óptima para desarrollar los no convencionales es a través de contratos llamados Acuerdos de Reparto de Ganancias (PSA, por sus siglas en inglés) entre empresas idóneas a nivel internacional y el Estado. Los consultores, al hablar sobre los puntos positivos de la ley de PSA, destacaron que se exime del cumplimiento de leyes ordinarias de ambiente y recursos naturales, se

2 Cabe destacar que en mayo de 2014 el secretario adjunto de Energía de Estados Unidos, Daniel Poneman, y el ministro de Planificación Federal argentino, Julio De Vido, sellaron en Buenos Aires una alianza en materia energética. El acuerdo apunta a un intercambio por el cual la Argentina captaría capitales para extraer recursos energéticos del subsuelo y dinamizar proyectos claves del sector, mientras que Estados Unidos se insertaría de lleno en el negocio de Vaca Muerta (Tiempo Argentino, 22/05/2014).

reduce el rol de gobiernos locales, se centraliza la capacidad decisión en un ministerio y se proveen especificaciones internas en materia impositiva y de arbitraje (trasladado a instancias internacionales), entre otros puntos. Asimismo, resalta la cláusula de "estabilidad jurídica" que bloquea cualquier cambio en virtud de proteger los derechos del inversor. En suma, modificar y cohesionar el conjunto de leyes que hacen a la explotación de no convencionales es un proceso muy engorroso y, por ende, se apunta a la intervención principalmente sobre los contratos como un elemento aislado del resto de la normativa.

Como se decía previamente, el asesoramiento de Estados Unidos también se enfoca en la gestión del conflicto social, al que considera inherente a la explotación. El acercamiento temprano, la intervención preventiva, es condición excluyente debido a la alta resistencia que se evidencia en otros países. Para esto identifica una serie de actores (municipios, pobladores, Organizaciones No Gubernamentales, etc.) que es necesario interpelar y comprometer en el diálogo con las operadoras. Recomienda que se emplee una Organización no Gubernamental (ONG) ambiental para realizar una campaña informativa tanto sobre las técnicas a emplear como el grado de participación de la población en los procesos de decisión. Asimismo, con los gobiernos locales –en vistas de las transformaciones sociales, económicas y ambientales que se avecinaría– se enumeran una serie de mecanismos que les permitirían apropiarse de parte de la renta generada y, de esta manera, volverlos parte de la operatoria para generar consensos.

En síntesis, la asesoría de USAID propone un esquema mixto (alianza público-privado) donde el Estado cumpliría un rol gerencial, centralizado y conciliador entre los diferentes actores en pos del objetivo de exportación. La renta se distribuye de forma equitativa en tanto el Estado deberá contener y gestionar el conflicto, afrontar fuertes inversiones (infraestructura, servicios, etc.) y compensar la pérdida de otras economías por ocupación territorial y degradación ambiental (OPSur, 2013).

Para el desarrollo del *shale* a nivel global, la estrategia intergubernamental impulsada por Estados Unidos (creación de condiciones "superficiales") combinó con un relevamiento del estado de situación y abanico de oportunidades a nivel geológico (condiciones "subterráneas"). Hasta el momento, la EIA publicó dos estudios donde cuantificó recursos técnicamente extraíbles fuera de Estados Unidos –categorización que no contempla la faceta económica, es decir, si es viable su extracción en términos de costos operativos–. Los autores del último informe (año 2013), afirman que dos tercios de los recursos gasíferos y petroleros analizados se concentran en seis países. Para el gas, en orden descendente, son Estados Unidos, China, Argentina, Argelia, Canadá y México; mientras que para el petróleo, en el mismo orden, son Rusia, Estados Unidos, China, Argentina, Libia y Australia.

En este sentido, y sin considerar a Estados Unidos al evaluar el potencial de Norte América, cabe destacar que América del Sur posee el mayor potencial de recursos técnicamente recuperables de gas de esquitos –40,5 billones m^3– seguida por Asia –39,7billones m^3– (EIA, 2013). En cuanto a crudo de formaciones de esquisto, el potencial sería de 0,183 billones m^3, que la ubica detrás Europa –0,247billones m^3– y Asia –0,218billones m^3–. Si bien estas cifras son estimadas, de alguna manera ilustran sobre la posición que ocuparía cada región en la geopolítica del *shale*. En este sentido, aunque el mayor avance sobre formaciones de *shale* se registra en Argentina –principalmente en la Cuenca Neuquina, "posiblemente la más prospectiva por fuera de Norte América", según la EIA (2013: V-1)–, también en Chile y Colombia se han perforado pozos exploratorios, mientras que Uruguay, Bolivia y Brasil adjudicaron áreas de exploración. En varios de estos casos, la alianza público-privado también se hace presente.

En suma, al ampliarse la oferta, no sólo se garantizan nuevos proveedores, en caso de necesitarlos, sino también se reduce la influencia de potencias como Rusia, principal proveedora de gas de Europa (OPSur, 2013). En la región sudamericana en general, el creciente interés en estos reservorios, si bien está en consonancia con las políticas promovidas por Estados Unidos, es justificado a partir de metas propias: reducir la importación de combustibles,[3] frenar la caída de la producción y alcanzar el autoabastecimiento. En el caso específico de la Argentina, la explotación de los no convencionales combina el mercado interno y el externo: autoabastecimiento y saldos exportables. Esta premisa rompe con la geografía neo-colonial clásica propia del extractivismo minero, e incluso del agronegocio; esto es, con la idea de una división del trabajo entre el Norte global y los países del Sur, entre una geografía del consumo y una geografía de la extracción.

3 Esta situación se da en Uruguay y Chile, que encuentran en el desarrollo de yacimientos no convencionales la posibilidad de reducir las importaciones de combustible. En Bolivia, la explotación de no convencionales se presenta como la posibilidad de revertir la caída de la producción de sus principales campos y prolongar su rol de proveedor de gas (Clarín, 11/08/2013).

Por otro lado, al tener en cuenta la transferencia de tecnología, y los acuerdos que se suscriben para su protección, el Norte despliega una línea más clásica, ya que la mayoría del paquete es provisto por empresas de servicios norteamericanas (Halliburton, Schlumberger, Baker Hughes, etc.). Y por otra parte, el sector corporativo en su conjunto en los últimos años ha organizado una diversidad de foros que tienen como finalidad promover este tipo de explotaciones a nivel regional y presionar a las autoridades públicas para que les garanticen márgenes de ganancia y marcos regulatorios favorables.

Fuentes consultadas

Flues, Fabian y Antoine, Simon (2013), *El mito del 'barato y abundante' gas de esquisto en Estados Unidos*, Amigos de la Tierra, España, agosto de 2013, disponible en: http://www.sosclima.org/wp-content/uploads/2013/09/eeuu.pdf

Cekuta, Robert (2012), "Unconventional Natural Gas: The U.S. Experience and Global Energy Security", Department Principal Deputy Assistant Secretary, Bureau of Energy Resources, disponible en: http://www.state.gov/e/enr/rls/rem/2012/183875.htm

Cantón, Marcelo (2013), "Dudas por el plan secreto de YPF para producir más gas", diario *Clarin*, 11 de agosto de 2013.

di Risio, Diego (Coord) (2012), *Zonas de Sacrificio. Impactos de la industria hidrocarburíferas en Salta y Norpatagonia,* Observatorio Petrolero Sur/América Libre, Buenos Aires.

Energy Information Administration–EIA (2013), "Technically Recoverable Shale Oil and Shale Gas Resources: An Assessment of 137 Shale Formations in 41 Countries Outside the United States", 10 de junio de 2013, disponible en: http://www.eia.gov/analysis/studies/worldshalegas/

--- (2012), "Countries. 2012 World Oil Consumption (millions of barrels per day)", disponible en: http://www.eia.gov/countries/index.cfm?view=consumption

Goldwyn, David (2010),"Briefing on the Global Shale Gas Initiative Conference", Special Envoy for International Energy Affairs, Washington, DC, 24 de agosto de 2010, disponible en: http://www.state.gov/s/ciea/rmk/146249.htm

Heinberg, Richard (2014), "IEA Says the Party's Over", 5 de junio de 2014, disponible en: http://www.postcarbon.org/blog-post/2262281-iea-says-the-party-s-over

Heinrich Böll Stiftung et al. (2011), "Marginal Oil. What is driving oil companies dirtier and deeper?", disponible en: https://www.boell.de/sites/default/files/Marginal_Oil_Layout_13.pdf

Little, Arthur D. (2010), "New Business Models for the International Oil Company," in *Prism*, junio 2010, disponible en: http://www.adlittle.com/prism-articles.html?&no_cache=1&view=365

Menéndez Pérez, Emilio; Sánchez Sánchez, Patricia y López Santiago, César (2012), "Cautivos del petróleo. Un breve repaso histórico", en

Pablo Cotarelo (ed), *Agrietando el futuro. La amenaza de la fractura hidráulica en la era del cambio climático,* Ecologistas en Acción, Madrid.

OPSur (di Risio, Diego) (2012), "Regulando los mercados globales: Estados Unidos y la promoción del shale", 5 de diciembre de 2012, disponible en: http://wp.me/p1NWJb-bdG

--- (2013), "Manual de Operaciones: shalegas en Ucrania", 22 de Enero de 2013, disponible en: http://wp.me/p1NWJb-bEM

Pascual, Carlos (2011), "The State Department's New Bureau of Energy Resources: Shaping America's Global Energy Policy", 21 de noviembre de 2011, disponible en: http://fpc.state.gov/177598.htm

Plataforma 2012 (2012), "Por una verdadera estatización de los recursos energéticos. La crisis de YPF o el fracaso de una política energética", junio de 2012, disponible en: http://www.plataforma2012.org.ar/index.php/documentos/documentos/47-por-una-verdadera-estatizacion-de-los-recursos-energeticos

Prieto, Pedro (2012), "¿Por qué ahora el sistema realiza esta apuesta?", en Pablo Cotarelo (ed), *Agrietando el futuro. La amenaza de la fractura hidráulica en la era del cambio climático,* Ecologistas en Acción, Madrid.

Repsol (2012), *Matriz Energética Mundial,* 22 de febrero de 2012. Disponible en: http://www.repsol.com/es_es/corporacion/conocer-repsol/contexto-energetico/matriz-energetica-mundial/

Rifkin, Jeremy (2002), *La Economía del Hidrógeno,* Paidós, Buenos Aires.

Tiempo Argentino (2014), "La Argentina y los EE UU sellaron una alianza estratégica en energía", 22 de mayo de 2014, disponible en: http://beta.tiempo.infonews.com/edicion/1454/

UK Energy Research Centre (2009), "Global Oil Depletion: An Assessment of the Evidence of a Near-term Peak in Global Oil Production", 8 de agosto de 2009, disponible en: http://www.ukerc.ac.uk/support/Global%20Oil%20Depletion

3 - ¿Por qué el fracking está generando tantas controversias y resistencias a nivel global?

Aportes de Observatorio Petrolero Sur

De acuerdo a la Agencia de Información Energética de Estados Unidos (EIA, por sus siglas en inglés) el paquete tecnológico de fractura hidráulica se comenzó a emplear masivamente a nivel global en 2005 (EIA, 2013). Según este organismo, los excelentes rendimientos en los niveles de extracción motorizaron su propagación mundial. Sin embargo, esta técnica también ha motivado acalorados debates y resistencias en diferentes países, que toman como principal experiencia el caso de Estados Unidos.

Como se ve en mayor detalle en otras preguntas y ejes, el avance del *fracking* ha ocasionado numerosas e importantes consecuencias negativas sobre el ambiente y la salud de las poblaciones aledañas a los sitios en los que se aplica. Sucintamente, podemos agruparlas en: elevado consumo de agua y contaminación del recurso con químicos de alta toxicidad, emisión de gases, ocupación territorial, desplazamiento de actividades productivas preexistentes e incremento de tensiones sociales, entre otros. En este sentido, los movimientos de oposición al *fracking* encuadran estos escenarios dentro de la problemática de derechos humanos, como es el caso del informe publicado en 2012 por la organización estadounidense *Earthworks*.

Muchos de los impactos asociados a esta técnica fueron registrados en los documentales *Gasland* (2010) y *Gasland 2* (2013), de Josh Fox,[1] rodados en cuatro estados de los Estados Unidos. En los audiovisuales se pueden ver daños tales como la contaminación del agua, el riesgo de explosión de casas por fugas de gas, el impacto en la salud de las personas y animales, el sentimiento de la población de haber sido estafada y las dificultades de acceso a la información que debería ser pública. Aún si en Estados Unidos la movilización presenta dificultades,[2] situaciones como las mencionadas fueron el germen para la articulación de un poderoso y heterogéneo movimiento que ha tenido importantes logros tanto en limitar el avance de proyectos extractivos como también en reforzar el control sobre la industria. En este sentido, más de 400 ciudades y pueblos en veinte Estados diferentes han establecido prohibiciones o moratorias al empleo del *fracking* (*Food and Water Watch*, 2013). A nivel estadual, Nueva York y Maryland instruyeron moratorias, al igual que la Comisión de la Cuenca del Río Delaware. El Estado de Vermont, por su parte, directamente prohibió el empleo de la técnica, mientras que los estados de Illinois y Pennsylvania han regulado con mayor fuerza a la industria. En tanto, el máximo tribunal de justicia del Estado de Nueva York reafirmó el derecho de los municipios del Estado a prohibir la práctica del *fracking* en sus circunscripciones (Mdz, 30/06/2014)

Por otro lado, diversos informes apuntan a la escasa capacidad de los Estados para ejercer poder de policía sobre la industria. En términos generales subrayan la incongruencia y heterogeneidad de los marcos regulatorios y la falta de transparencia del ámbito público en los procesos de otorgamiento de licencias y de control ambiental. En esta línea, en 2012, la investigadora Lisa Sumi, de la organización *Earthworks*, publicó un extenso estudio sobre el grado de regulación de la industria en seis estados de Estados Unidos, y concluyó que la situación es de abandono y de profunda falencia en el control por parte de los organismos públicos. Basada en los informes de los mismos estados determinó que "entre el 53% y 91% de pozos no fueron controlados; en los casos que hubo auditorias y se encontraron fallas, muchas no se informaron debidamente o su penalización económica resultó irrisoria" (OPSur, 2012).

Según organizaciones estadounidenses, la dificultad en el control no sólo se debe a cuestiones técnicas y al rápido avance de la industria sino

1 Fox presentó además en 2013 el cortometraje *El Cielo es Rosa*, a través del cual responde a los ataques que su primer documental sufrió por parte del sector corporativo.

2 Véase en el anexo, el texto de Roberto Ochandio.

también al grado de permeabilidad corporativo sobre las instancias gubernamentales. Ejemplo de esto es la génesis misma del *boom* de los no convencionales, en 2005, cuando George Bush (h) estaba al frente de la Casa Blanca. En ese momento, el Congreso aprobó una modificación de la *Energy Policy Act*, que se conoció como *Enmienda Halliburton*, a raíz del lobby ejercido por esa empresa. Ese cambio redujo la capacidad de regulación de la Agencia de Protección Ambiental (EPA, por sus siglas en inglés) sobre los fluidos empleados en la fractura al avalar que no es necesaria su información.

Otro hecho, de este tenor, es cómo ha intervenido la EPA en las investigaciones en relación al vínculo entre el *fracking* y la contaminación de agua. Debido a la creciente presión social, denuncias y grado de movilización alcanzado, el Congreso norteamericano encomendó a la Agencia que profundizara el análisis. La EPA comenzó así una cuestionada investigación sobre cinco casos de estudio distribuidos en los Estados de Pensilvania, Texas, Dakota del Norte y Colorado, cuyos resultados –anticipó– no tendrá hasta 2016 (*Ecowatch*, 2013). Al mismo tiempo que avanzó con ese estudio de alcance nacional, la EPA abandonó los que desarrollaba de manera más restringida a nivel local, y en los que ya había constatado la vinculación entre la contaminación de acuíferos y el *fracking*. Es el caso de la investigación que llevó adelante desde 2008 en Pavillion, en el Estado de Wyoming, sobre la que en 2011 emitió un duro informe. Si bien sostiene que la presencia de algunos de los contaminantes en los pozos de agua de poca profundidad probablemente se deba a la filtración de antiguas piscinas de desechos ubicadas en las inmediaciones, vinculaba una gran variedad de productos químicos encontrados en los pozos profundos a la mezcla directa de fluidos de la fractura hidráulica (ProPublica, 2013). Por otro lado, por su carácter excepcional, esto es, por el hecho de haber intervenido en una formación de *shale* de poca profundidad, el caso de Pavillon da cuenta de los extremos a los que puede llegar la industria petrolera, en su avance incontrolado. Recientemente la EPA dejó la investigación de este caso en manos del estado de Wyoming, que la financiará con fondos provenientes de Encana, la empresa de perforación cuyos pozos pueden haber causado la contaminación (*Matt Mead*, 2013).

Derroteros similares pueden rastrearse también en las investigaciones que la EPA llevó adelante en Weatherford (Texas) y en Dimock (Pensilvania). En Weatherford, en 2010, la agencia estatal consideró tan grave la situación que emitió una orden de emergencia y sostuvo que al menos dos propietarios estaban en peligro por un pozo saturado de metano. Poco más de un año después, dejó sin efecto esa emergencia sin dar mayores explicaciones. Los motivos quedaron claros cuando se conocieron documentos que demostraban la presión empresarial (*USA Today*, 23/01/2013). En Dimock, en tanto, la agencia oficial cerró la investigación, aunque los investigadores locales sostenían –y la EPA confirmó esa información– que había presencia de contaminantes vinculados al fracking en varios pozos (*Los Angeles Times*, 28/07/2013). Actualmente los afectados demandan que se reabran esas investigaciones (*Food and Water Watch*, 2013).

Estudios técnicos como los mencionados muestran que el *fracking* carga con muy malos antecedentes y grandes incertidumbres. En función de esto, también han surgido resistencias sociales en las distintas partes del planeta donde la industria ha tratado de ingresar. Los casos más resonantes han sido la prohibición a nivel nacional en Francia (OPSur, 2012; Svampa y Viale, 2013) y Bulgaria, así como la moratoria en Quebec (Canadá) y varias regiones de Europa y Oceanía. En España la puja entre gobierno y resistencias sociales es muy importante, pero la noticia más reciente proviene de Alemania, donde se aprobó una moratoria que frena el *fracking* por ocho años (Clarin, 2014).

En tanto a nivel latinoamericano, también se registran antecedes de gran relevancia. En septiembre de 2012 la Contraloría General de la República de Colombia, máximo órgano de control fiscal del país, envió un pronunciamiento a los Ministerios de Ambiente y Minas y Energía, y a la Agencia Nacional de Licencias Ambientales. Advertía que en la regulación técnico ambiental de los hidrocarburos no convencionales se debía tener en cuenta el Principio Precautorio, ante el riesgo latente para el patrimonio ambiental por la posible afectación de fuentes hídricas, el riesgo para centros urbanos y la salubridad pública, además del riesgo geológico (Rodríguez López, 2014).

En Brasil, ante la licitación de bloques para la exploración y explotación de esquistos, los trabajadores del Instituto Brasilero de Medio Ambiente y de los Recursos Naturales Renovables (Ibama), en el VI Congreso de su Asociación Nacional (Asibama Nacional), aprobaron una moción contra la extracción de recursos no convencionales con el uso de la fractura hidráulica. La campaña tiene el objetivo de apoyar una moratoria que impida temporalmente el uso de *fracking*, de manera que la sociedad pueda debatir ampliamente sobre los riesgos de esta actividad, particularmente en las zonas pasibles de ser impactadas, y así decidir su propio futuro. Allí también se conformó la Coalición Anti-Fracking Brasil, integrada por ecologistas, científicos, geólogos, hidrólogos, ingenieros, biólogos y empleados públicos, con fuerte presencia en el Estado de Paraná. En tanto, en el Estado de Piauí, una acción del Ministerio Público Federal suspendió el uso del *fracking* (Lopes y Terra, 2014).

En México, otra de las potencias no convencionales de Latinoamérica, según el informe de la EIA, se ha constituido la Alianza Mexicana contra el *fracking*, compuesta por más de veinte organizaciones. Este espacio está enfocado en informar a la sociedad civil sobre los impactos de esta técnica de explotación de yacimientos no convencionales y, paralelamente, incidir en políticas públicas para que no se avance con su aplicación.

En nuestro país, en tanto, numerosas organizaciones han impulsado medidas a nivel local que, en el plano institucional, se tradujeron en la aprobación de más de 30 ordenanzas que prohíben la aplicación del *fracking* en municipios de las provincias de Río Negro, Neuquén, Chubut, Buenos Aires, Mendoza y Entre Ríos (ver mito 15).

Fuentes consultadas

Clarín (2014), "Alemania estudia prohibir el shale gas", 06/08/2014, disponible en: http://www.ieco.clarin.com/economia/Alemania-tecnologia-utilizada-Vaca-Muerta_0_1188481387.html

Energy Information Administration (2013), "Technically Recoverable Shale Oil and Shale Gas Resources: An Assessment of 137 Shale Formations in 41 Countries Outside the United States", 10 de junio de 2013, disponible en: http://www.eia.gov/analysis/studies/worldshalegas/

Joint Institute for Strategic Energy Analysis (Logan, J.; Heath, G.; Macknick, J.; Paranhos, E.; Boyd, W; Carlson, K) (2012), "Natural Gas and the Transformation of the U.S. Energy Sector: Electricity", report of Joint Institute for Strategic Energy Analysis (JISEA), noviembre de 2012, disponible en: http://www.nrel.gov/docs/fy13osti/55538.pdf

Earthworks (2012), "Breaking all the rules: The crisis in Oil & Gas regulatory enforcement", 25 de septiembre de 2012, Washington, DC, disponible en: http://www.earthworksaction.org/files/publications/FINAL-US-enforcement-sm.pdf

--- (2011), "A Human Rights Assessment of Hydraulic Fracturing for Natural Gas Resources for the Future (2013): The state of State shale gas regulation", disponible en: http://www.earthworksaction.org/

Marczak, Trisha (2013), "EPA Pushes Back Fracking Impact Study to 2016", en Ecowatch, 21 de junio de 2013, disponible en: http://ecowatch.com/2013/06/21/epa-pushes-back-fracking-impact-study-2016/

Food and Water Watch (2013), "Local Actions Against Fracking", disponible en: http://www.foodandwaterwatch.org/water/fracking/fracking-action-center/local-action-documents/

Investor Environmental Health Network et al. (2013), "Disclosing the Facts: Transparency and Risks in Hydraulic Fracturing Operations", disponible en: http://disclosingthefacts.org/

Howarth, et al. (2011), "Methane and the Greenhouse Gas Footprint of Natural Gas from Shale formations", Pp. 679-690, en Climatic Change Letters, disponible en: http://link.springer.com/article/10.1007%2Fs10584-011-0061-5#page-1

Lopes, Karine y Terra, Antonio (2014), "El fracaso de la Ronda 12", en revista *Fractura Expuesta.* N° 3, julio 2014, Buenos Aires.

Los Angeles Times (Neela Banerjee) (2013), *"Message is mixed on fracking"*, 28 de Julio de 2013, disponible en: http://www.latimes.com/nation/nationnow/la-na-epa-dimock-20130728-m-story.html#axzz2pjptXlVl&page=1

MDZ (2013), "La Corte de Nueva York se expidió contra el fracking", 30 de junio de 2014, disponible en: http://www.mdzol.com/nota/542488-la-corte-de-nueva-york-se-expidio-contra-el-fracking/ .

Office of Governor Matt Mead (2013), "Wyoming to Lead Further Investigation of Water Quality Concerns Outside Pavillion with Support of EPA", 20 de junio de 2013, disponible en: http://governor.wy.gov/media/pressReleases/Pages/WyomingtoLeadFurtherInvestigationofWaterQualityConcernsOutsideofPavillionwithSupportofEPA.aspx

OPSur (di Risio, Diego) (2012), "Interdit, o prohibido en francés.", 05 de enero de 2012, disponible en: http://wp.me/p1NWJb-7Qt

--- (di Risio, Diego) (2012),"Regulando los mercados globales: Estados Unidos y la promoción del shale", 5 de diciembre de 2012,disponible en: http://wp.me/p1NWJb-bdG

ProPublica (Abrahm Lustgarten) (2013), "EPA's Abandoned Wyoming Fracking Study One Retreat of Many", 3 de Julio de 2013, disponible en: http://www.propublica.org/article/epas-abandoned-wyoming-fracking-study-one-retreat-of-many#_ftn1

Rodríguez López, Diana (2014), "Ante la duda… ¿el fracking?", en revista *Fractura Expuesta*. N° 3, julio de 2014.

Svampa, Maristella y Viale, Enrique (2013), "Cuestión ambiental. Punto ciego del gobierno", diario *Clarín,* 07 de marzo de 2013, disponible en: http://www.clarin.com/opinion/Cuestion-ambiental-punto-ciego-Gobierno_0_878312240.html

USA Today (2013), "EPA halted 'fracking' case after gas company protested", 23 de enero de 2013, disponible en: http://www.usatoday.com/story/news/nation/2013/01/16/epa-gas-company-protested/1839857/

Van der Elst, et al (2013),"Enhanced Remote Earthquake Triggering at Fluid-Injection Sites in the Midwestern United States", en Science *12.* Vol. 341 no. 6142, Julio 2013, pp. 164-167, disponible en: http://www.sciencemag.org/content/341/6142/164.full

Segundo eje:
Fracking. Argentina. Matriz energética. YPF

4 - ¿Por qué la apuesta a la explotación al gas no convencional ahora en Argentina? Empresas y gobierno afirman que la Argentina cuenta con inmensos recursos no convencionales y una de las reservas más importantes del mundo. ¿Esto está probado?

Aportes de Observatorio Petrolero Sur
y Eduardo D´Elía

¿Por qué la apuesta a la explotación al gas no convencional ahora en Argentina?

La apuesta de la Argentina por los hidrocarburos de yacimientos no convencionales, si bien va en el mismo sentido de la agenda propuesta por Estados Unidos –con quien tiene una alianza estratégica en materia energética–(Tiempo Argentino, 22/05/2014), se enmarca en una coyuntura local, signada por el incremento del consumo energético y la caída sostenida de la extracción de gas y petróleo de yacimientos convencionales. Cabe recordar que en 2011 la importación de combustibles totalizó US$ 9.500 millones y el saldo comercial en el rubro fue negativo de US$ 3.400 millones, tendencia que se mantuvo en 2012 y se aceleró en 2013, afectando el equilibrio de la balanza comercial del país (El Cronista, 16/01/2013). Según la Cámara de Importadores de la República Argentina la participación de las compras de energía en las importaciones totales, que durante 2012 fue de un 5%, en 2013 trepó a un 15%, acercándose a los US$ 14.000 millones (Inversor Energético, 04/04/2014).

Los hidrocarburos son la principal fuente primaria de energía en Argentina: en trazos gruesos, el gas representa el 50% la matriz y el petróleo 40%, el resto se distribuye en hidráulica, nuclear, carbón y renovables. Esta fuerte dependencia de los combustibles fósiles pone al país en una posición de vulnerabilidad, la cual se ha manifestado ante la sostenida caída en los niveles de extracción de gas y petróleo. Argentina tuvo su pico de producción de petróleo en 1998, con 135 MMm^3/d, mientras que su máximo de extracción de gas convencional se registró en 2004, con 143 MMm^3/d (Academia Nacional de Ingeniería, 2011:11), a partir de ese momento los niveles de producción descendieron de manera sostenida. En el 2013, la producción de petróleo fue de 85.829 Mm^3/d, y en el caso del gas, 115,3 Mm^3/d, según datos de la Secretaría de Energía de Nación (Reuters, 28/01/2014).

El impacto de la caída en la producción se acentuó con el incremento del consumo de energía registrado tras la salida de la crisis socio económica de 2001. Una de las primeras medidas para desacelerar el crecimiento de la brecha entre la disponibilidad de energía y el incremento del consumo fue desalentar las exportaciones, principalmente de gas, hasta llegar al cese, como ocurrió con las exportaciones a Chile en 2008. Además, en 2004, el Ejecutivo Nacional impulsó la creación de Energía Argentina Sociedad Anónima (Enarsa), empresa que fue presentada como la llave para recuperar el rol protagónico del Estado en el sector. En ese sentido, la petrolera de bandera, iba a avanzar con proyectos de exploración costa afuera (*offshore*), pero finalmente su principal función fue la importación de combustibles, que en 2013 pasó a la órbita de YPF.

También el Gobierno Nacional, con el dictado del Decreto 546/03 y la sanción de la Ley 26.197/06, que cerró el proceso de transferencia del dominio del recurso de la Nación a las provincias, generó condiciones para la licitación de áreas para exploración y eventual explotación.[1] En el marco del mismo esquema de aumentar la disponibilidad de energía, se sancionó la Ley 26.190/06, que puso en marcha el Programa de Generación con Recursos Renovables, con el objetivo de lograr, en el plazo de 10 años, una contribución de las fuentes renovables del 8% del consumo de energía eléctrica nacional, meta aún lejana de cumplir. También se reactivaron proyectos de centrales hidroeléctricas, el Plan Nuclear (Decretos 981/05 y 1085/06) y se impulsó el corte de los combustibles

1 El proceso de transferencia del dominio de los recursos de la Nación a las provincias se inició en 1992 con la sanción de la Ley 24.145 de Federalización de los Hidrocarburos y fue incorporado a la Constitución Nacional reformada en 1994 a través del artículo 124.

fósiles con el agregado de biodiesel y bioetanol (Ley 26.093/07 y el Decreto 109/07).

Estas medidas, que en el mejor de los casos podrían tener un impacto en el mediano plazo, fueron acompañadas, desde 2004, por la reanudación de las importaciones de gas de Bolivia, que se incrementaron un 166% entre 2010 y 2012, pasando de 1,8 MMm^3/d a 4,8 MMm^3/d. En el mismo sentido, en 2008, se iniciaron las compras de GNL, que crecieron el 844% en cuatro años (Pérez Roig, 2013:18).[2]

En este contexto se hacen los primeros anuncios sobre el potencial argentino en hidrocarburos de yacimientos no convencionales. En diciembre de 2010, YPF informó el descubrimiento de 4,5 MMm^3 de gas de esquistos (*shale*) en la formación Vaca Muerta, en la Cuenca Neuquina y, en abril del año siguiente la Agencia de Información de Energía de Estados Unidos (EIA) afirmó que Argentina tenía un potencial en *shale gas* de 21,9 billones m^3 (EIA, 2011). Según ese estudio, China y Estados Unidos encabezaban las estimaciones en potencial, seguidas por Argentina y México. Aunque ese informe es cuestionado, incluso desde el sector corporativo, sigue siendo utilizado como argumento para defender las posibilidades de acceder a estos recursos.

Desde ese momento, los yacimientos no convencionales irrumpieron como solución a grandes problemas del país. Al menos ése es el espíritu de la Ley 26.741 de Soberanía Hidrocarburífera, que plantea como objetivos principales, además de la expropiación del 51% de las acciones de YPF, su explotación masiva, ya que concibe a los no convencionales como el medio para traccionar al conjunto de la producción: no sólo alcanzar el autoabastecimiento, sino impulsar el fortalecimiento de la cadena de empresas que garanticen insumos y servicios al sector y generar saldos exportables para equilibrar la balanza comercial e incorporar divisas. Es decir, la transformación de Argentina en país petrolero.

Vaca Muerta hizo que tanto voceros del neoliberalismo como del progresismo desarrollista coincidieran en una misma visión "eldoradista", que identifica los nuevos descubrimientos de "riquezas naturales" con la posibilidad de un enriquecimiento rápido o acelerado (Svampa y Viale, 2013). Desde ese momento se abortó toda discusión profunda en términos económicos, ambientales y sociales sobre la conveniencia o no de explotar estas fuentes.

2 La importación de GNL demandó la operatoria de un buque regasificador en el puerto de Bahía Blanca, que se mantenía hasta el cierre de este trabajo, y la construcción de un puerto ad hoc en Escobar, inaugurado en 2011, que hace presumir que las compras se extenderán por varios años.

Fue imposible plantear una visión estratégica que incluyera tanto la reducción y redistribución del consumo (partiendo de la base de que el acceso a la energía es un derecho y que hay un consumo desigual), como la diversificación de la matriz energética y su progresivo reemplazo por energías limpias y renovables, que contemple formas de generación y gestión no centralizada. En su lugar se decidió profundizar la matriz energética actual, aunque esto implique la utilización de una técnica controversial y experimental como el *fracking* y la disputa por el agua y el territorio con otras actividades productivas como la ganadería, la fruticultura y el turismo.

Menos aún hubo voluntad de debatir el carácter cortoplacista del camino elegido, ya que si actualmente se avanza sobre hidrocarburos de formaciones compactas, de más compleja extracción y menor rendimiento, es porque los yacimientos convencionales están maduros, es decir, los niveles de extracción descienden de manera sostenida y ya no resulta ni técnica ni económicamente viable su explotación. Entonces, al extenderse la extracción hacia formaciones compactas se sigue el mismo camino que con la megaminería metalífera que avanza sobre yacimientos de baja ley.[3] En el caso de los no convencionales se intenta prolongar en el tiempo, aunque más no sea algunas décadas, una matriz que fue uno de los pilares del desarrollo capitalista, hasta lograr una sustituta que garantice la densidad energética de los combustibles fósiles (OPSur, 24/03/2010). En esa ecuación quedan fuera los impactos socioambientales derivados tanto de la explotación en sí como de la contaminación producida durante su transformación y su combustión.

Por otra parte, este camino, lejos de ser una alternativa soberana, por los niveles de tecnificación y volúmenes de inversión, necesita de la participación de grandes corporaciones, que desembarcan con sus demandas, las cuales, dependiendo de las coyunturas, pueden transformarse en imposiciones.

Empresas y gobierno afirman que la Argentina cuenta con inmensos recursos no convencionales y una de las reservas más importantes del mundo. ¿Esto está probado?

La geofísica permite, en los yacimientos denominados convencionales, determinar con diferentes técnicas las características del subsuelo e

---

3 Ante la desaparición de los yacimientos concentrados cobran interés los de minerales dispersos, es decir, los de baja ley, por ese motivo literalmente se vuelan cerros para sacar unas pocas onzas de oro. Para el tema, véase Colectivo Voces de Alerta, 2011

inferir el volumen de hidrocarburos alojados en la roca. Así, la identificación de recursos se realiza, en un principio, mediante métodos geofísicos desde la superficie, sin que sea necesaria la perforación en las zonas a evaluar. La siguiente etapa de perforación de pozos exploratorios permite ajustar esas estimaciones iniciales y comenzar a delimitar el espacio contenedor de los hidrocarburos y las características petrofísicas de la roca. A partir de ese momento se puede hablar de reserva en lugar de recurso, si es que las razonabilidad tecnológica y económica lo permiten.

Sin embargo, esto se aplica a los yacimientos convencionales, pero no ocurre en los yacimientos no convencionales. El principal motivo de la incertidumbre de saber cuánto hidrocarburo existe es la imposibilidad de conocer los límites físicos de la roca que los contiene. Su baja permeabilidad no permite circular a los hidrocarburos por lo que las reservas no pueden conocerse hasta fracturar la roca. De manera que las reservas están supeditadas a las características invasivas de la fractura y no a una condición geofísica natural como en los yacimientos convencionales. Por estas razones en las formaciones de *tight* y *shale*, sólo se puede hablar de reservas cuando las perforaciones y fracturas fueron realizadas y cuando se conoce el resultado de las mismas, lo cual ocurre entre los 12 a 18 meses después de haberse puesto en explotación el pozo.

En razón de ello, hay que saber diferenciar el término "recurso" con el de "reserva" (sean posibles, probables o probadas), pues el peligro de confundir recurso con reserva produce una sobreestimación o una inflación (siempre interesada) de las expectativas. Por otro lado, tal como afirma Félix Herrero, abogado y economista, especialista en energía, la reserva es el recurso cuantificado y que económicamente es comercial (renta positiva, ingresos superiores a los costos y gastos de inversión y operación, etc.). Así, "cuando el Ministerio de Energía estadounidense [sic] informa sobre el fracking en Argentina, China y otros países del mundo, proporciona información sobre recursos pero no de reservas. [...] La versión eldoradista de Vaca Muerta convierte sin pruebas los recursos en reservas" (Río Negro, 12/01/2014).

En efecto, en 2013 la EIA difundió un nuevo estudio en el que se incrementaban las estimaciones respecto de lo publicado dos años antes. Argentina contaría con recursos técnicamente recuperables por 4.300 MMm^3 de *shale oil* (equivalentes a 10 veces las reservas actuales), y 22,7 billones m^3 de *shale gas* (equivalentes a 45 veces las reservas actuales). Según la agencia estadounidense, 16,5 billones m^3 estarían almacenados en las formaciones Vaca Muerta y Los Molles, en la Cuenca Neuquina. Sin embargo, hasta febrero de 2012, en Vaca Muerta, apenas se había certificado como "reserva probada" un 0,14% de los recursos totales (Pérez Roig, 2013: 24). En enero de 2014 YPF aseguró, a partir de la información obtenida del área Loma Campana, que el factor de recuperación ronda entre el 5 y el 6%, es decir, que podrá obtener 1 m^3 de cada 20 atrapados en la formación (Río Negro, 04/01/14).

Ya a fines de 2013 el empresario petrolero Alejandro Bulgheroni, uno de los dueños de Pan American Energy, había realizado declaraciones en el mismo sentido. Al ser consultado respecto al potencial de Vaca Muerta, consideró que es "algo muy interesante", pero subrayó:

> "Cuantificarlo sería medio temerario, como creo que fue temerario lo que dijo la Agencia Americana [EIA] sobre cuánto valía Vaca Muerta. (…) En petróleo, decimos que sabemos cuánto petróleo tiene un yacimiento el último día de producción. Hasta ese día, todos hacemos cuentas, los ingenieros hacen sus análisis, los geólogos hacen sus análisis. En un reservorio no convencional, estamos en pañales para decir una cosa u otra" (Perfil, 01/12/2013).

Un ejemplo de sobredimensionamiento de los recursos es Polonia. Presentada en 2011 por la EIA en el tercer lugar del ranking europeo de *shale gas*, atrajo el interés de compañías como las estadounidenses Chevron y ExxonMobil y la italiana Eni, entre otras (Bloomberg, 21/5/2012). A meses de publicarse ese informe, el Instituto Geológico polaco redujo en un 90% la estimación de los recursos extraíbles. Este hecho no mermó el entusiasmo del primer ministro, Donald Tusk, que vaticinó el inicio de explotación masiva a partir de 2014. Sin embargo, contra sus pronósticos, en abril de ese año, la francesa Total se sumó al conjunto de petroleras que redujo inversiones o directamente se retiró del país, como es el caso de Marathon Oil, Talisman Energy y ExxonMobil (Reuters, 14/5/2014).

En la misma línea, otro ejemplo, es lo que sucedió en la formación *shale* de Monterrey. Esta formación tenía estimada una participación de las dos terceras partes del gas y petróleo no convencional estadounidense.

> "La Agencia de Información Energética de Estados Unidos (EIA), dependiente del ministerio de Energía (DOE), acaba de adelantar la noticia de que la Formación de Esquisto de Monterey tiene en realidad sólo un 4% del petróleo de las estimaciones realizadas en 2011 por la consultora privada Intek. En resumen, del total de los recursos calculados hace apenas cuatro años se "esfuma" un 96% que queda en los sueños de quienes vieron a esta formación como la mayor de los Estados Unidos. Un 96% fueron recursos que no llegaron a convertirse en reservas" (Herrero, 2014).

Asimismo, en el ámbito regional, se producen cambios de magnitud en los informes del EIA. Por ejemplo, en 2011, se le adjudicaban a Uruguay 0,6 billones m³ de *shale gas*. Dos años más tarde su potencial se reducía a 0,06 billones m³. Incluso de un informe a otro se evidencia una modificación nada menor en el mapa de cuencas con potencial no convencional en el Cono Sur. En la edición 2013 la cuenca Chaco Paranaense se redujo, tal como puede observarse, al comparar los mapas 1 y 2. Cabe añadir que ambos mapas fueron confeccionados por la misma consultora ARI, que trabaja para el EIA.

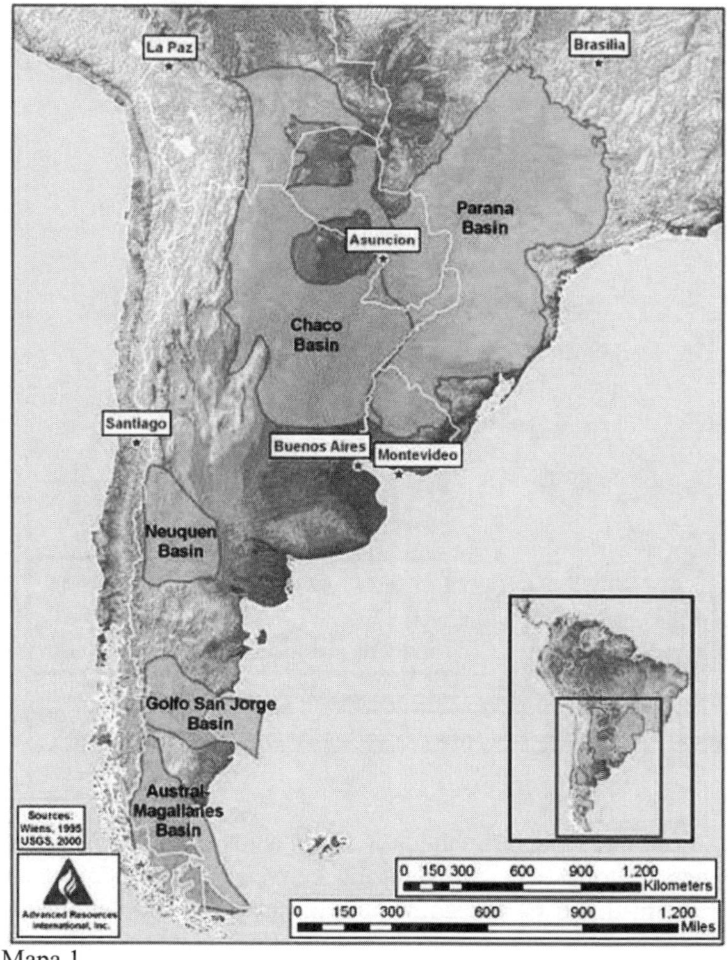

Mapa 1.
Fuente: EIA/ARI, 2011: IV-1.

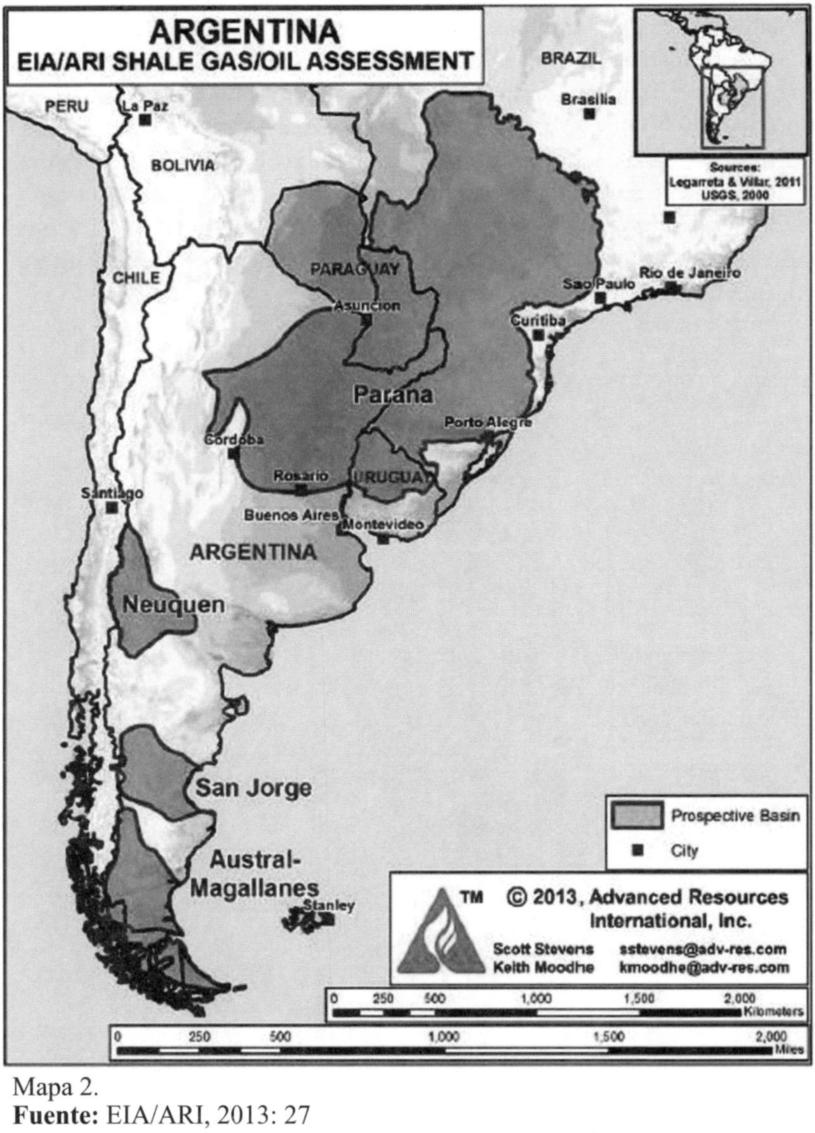

Mapa 2.
Fuente: EIA/ARI, 2013: 27

Más allá del alto voltaje publicitario de muchos de los informes y declaraciones en torno a yacimientos no convencionales, provengan éstos de la industria o de los gobiernos, el debate no puede quedar empantanado en si es cierto o no que Argentina, por caso, tiene el potencial que le adjudican. Al interior de los países se van produciendo transformaciones, producto de las demandas que las empresas intentan imponer, tan cuestionables como los impactos socioambientales asociados a la aplicación de la técnica del *fracking*. Dichas demandas empresariales tienen un alto impacto socio político, que no sólo buscan garantizar un margen de ganancia, girar utilidades sin restricciones y disponer libremente del recurso, sino también la flexibilización de controles –ambientales y fiscalización de planes de trabajo– e imponer en qué ámbito y bajo qué marco regulatorio se dirimirán eventuales conflictos entre el Estado y el capital privado (OPSur, 23/08/2013) (ver mito 6).

Para refrendar lo dicho, resulta interesante recordar los planteos que desde el sector corporativo se hacían al Estado Nacional luego de la expropiación del 51% de las acciones de YPF. Durante el "II Congreso Anual *Shale Gas & Tight Oil* Argentina", realizado del 18 y 20 de septiembre de 2012 en el Hotel Hilton de Buenos Aires, los organizadores advirtieron:

> "Con las terceras reservas más importantes del mundo, es imposible ignorar un recurso de este tamaño y magnitud. Sin embargo, ha habido preocupación por el hecho de que el potencial de producción de esta roca madre, a nivel mundial, podría no materializarse como resultado del turbulento ámbito político que recientemente se ha develado. ¿Continuará impidiendo la nacionalización de YPF las políticas centradas en el Estado, tales como los controles de precio y tasas de exportación, el crecimiento de la inversión? ¿Reabrirá el gobierno argentino las puertas al capital extranjero?" (La Mañana de Neuquén, 18/09/2012).

Si bien buena parte de ese debate se saldó luego con los Decretos 927 y 929 de 2013 y el marco regulatorio que en Neuquén emergió del acuerdo entre la provincia e YPF, para posibilitar la explotación conjunta de Loma Campana entre la empresa nacional y la estadounidense Chevron (Decreto 1208/13), las "riquezas de Vaca Muerta" continúan servidas (OPSur, 15/07/2013 y 23/08/2013). Hasta el momento sólo YPF ha realizado las inversiones para incrementar su producción, seguida de muy lejos por trasnacionales como ExxonMobil, Total, Shell y Wintershall. Es decir, tener el potencial de Vaca Muerta no garantiza de por sí el autoabastecimiento, pues además del potencial hay otros factores en pugna.

Asimismo, los gobiernos provinciales, a través de empresas mixtas o públicas se lanzaron a la captura de una porción mayor de la renta a través de la asociación con el sector privado. En este sentido, la petrolera neuquina Gas y Petróleo (GyP) ha comenzado a disputarle aliadas a YPF y aspira a timonear el desarrollo de la formación Vaca Muerta,[4] poniendo en cuestión el espíritu mismo de la Ley de Soberanía Hidrocarburífera. Esta norma, además de avanzar con la expropiación, garantiza al Estado Nacional la dirección de la petrolera de bandera –más allá de que la propiedad de la misma sea compartida con las provincias–. De esta manera YPF se transformaba en el instrumento que devolvía cierto protagonismo al Estado nacional en el sector frente a la descentralización derivada de la reforma neoliberal del sector.

4 A comienzos de 2014 GyP firmó con la alemana Wintershall un acuerdo de trabajo conjunto en el bloque Aguada Federal, con una inversión inicial de US$ 145 millones para la perforación de cuatro pozos en Vaca Muerta (Río Negro, 24/09/2013). Un acuerdo similar, aunque con porcentajes menos sustanciosos, alcanzó con Petrobras (Río Negro, 07/12/2013). Con esta estrategia la provincia amplifica la captación de recursos provenientes de la renta petrolera: además de las regalías, mediante GyP tiene participación en porcentajes de la producción.

Fuentes consultadas

Academia Nacional de Ingeniería (2011), *Reflexiones sobre una matriz sostenible,* Instituto de Energía, septiembre de 2011, disponible en: http://www.tecnoil.com.ar/pdf/ani-rme.pdf

Bloomberg (Marek Strzelecki) (2012), "Poland Says Shale Reserves May Be 85% Below U.S. Estimate", 21 de marzo de 2012, disponible en: http://www.bloomberg.com/news/2012-03-21/poland-may-have-768-billion-cubic-meters-shale-gas-reserves-1-.html

Cartago web (Martín Álvarez) (2014), "La madre del borrego: Vaca Muerta / parte I (El Hospital)", 13 de marzo de 2014, disponible en: http://www.cartagoweb.com.ar/2014/03/la-madre-del-borrego-vaca-muerta-parte-i/

Colectivo Voces de Alerta (Machado, Horacio; Svampa, Maristella; Giraud, Marcelo; Viale, Enrique, et al) (2011), *15 mitos y realidades de la minería transnacional*, Buenos Aires, El Colectivo.

Cronista.com (Esteban Rafaele) (2013), "La importación de combustible se llevó 3 de cada 4 dólares del superávit comercial",16 de enero de 2013, disponible en: http://www.cronista.com/economiapolitica/La-importacion-de-combustible-se-llevo-3-de-cada-4-dolares-del-superavit-comercial-20130116-0065.html

EIA/ARI (2011),*World Shale Gas Resources: An Initial Assessment of 14 Regions Outside the United States,* april 2011, Washington, U.S. Department of Energy, disponible en: http://www.adv-res.com/pdf/ARI%20EIA%20Intl%20Gas%20Shale%20APR%202011.pdf

EIA/ARI (2013), "Technically Recoverable Shale Oil and Shale Gas Resources: An Assessment of 137 Shale Formations in 41 Countries Outside the United States", 10 de junio de 2013, disponible en: http://www.eia.gov/analysis/studies/worldshalegas/

El Inversor Energético (2014), "Se triplicó la incidencia de las importaciones energéticas sobre las compras totales al exterior", 4 de abril de 2014, disponible en: http://www.inversorenergetico.com.ar/se-triplico-la-incidencia-de-las-importaciones-energeticas-sobre-las-compras-totales-al-exterior/

Herrero Félix (2014a), "El retiro de las empresas frackineras", diario *Infobae*, 9 de marzo de 2014, disponible en: http://opinion.infobae.com/felix-herrero/2014/03/09/el-retiro-de-las-empresas-frackineras/

--- (2014b), "Que el sueño de Vaca muerta no sea una pesadilla", Diario *Clarín,* 03/06/2014.

La Mañana Neuquén (2012), "Neuquén expone sobre shale gas", 28 de septiembre de 2012, disponible en: http://www.lmneuquen.com.ar/noticias/2012/9/18/neuquen-expone-sobre-shale-gas_162565

OPSur (Tom Keefer) (2010), "Combustibles fósiles, capitalismo y lucha de clases", 24 de marzo de 2010, disponible en: http://wp.me/p1NWJb-2wG. La versión original (inglés) "An energy crisis (among others) is in the air", fue publicada en *The Commoner*, Número 13, invierno 2008-09, disponible en: http://www.commoner.org.uk/N13/01-Keefer.pdf

--- (2013), "Un traje a la medida de Chevron", 15 de julio de 2013, disponible en: http://wp.me/p1NWJb-dSU

--- (2013), "Acuerdo Neuquén-YPF: ¿El nuevo piso para las demandas corporativas?", 23 de agosto de 2013, disponible en: http://wp.me/p1NWJb-etV

Oilfield Review (Chuck Boyer et al.) (2011), "Gas de lutitas: Un recurso global", en *Oilfield Review,* Volume 23-Issue 3, 9 de enero de 2011, disponible en: http://www.slb.com/~/media/Files/resources/oilfield_review/spanish11/aut11/03_lutitas.pdf

Pérez Roig, Diego (2013), *Explotación de petróleo y gas natural en la Argentina posneoliberal 2002-2013. Algunas notas para su análisis,* Mimeo

Perfil (Jorge Fontevecchia) (2013), "Bulgheroni y Eurnekian:"Capitanich es un buen CEO para el país", en diario *Perfil*, 1 de diciembre de 2013.

Reuters (2014), "Producción de crudo y gas vuelve a bajar en Argentina en 2013", 28 de enero de 2014, disponible en: http://ar.reuters.com/article/topNews/idARL2N0L218C20140128

--- (2014), "UPDATE 1-France's Total calls time on Polish shale license", 14 de abril de 2014, disponible en: http://www.reuters.com/article/2014/04/14/poland-total-shale-idUSL6N0N62A120140414

Revista Petroquímica (2014), "Añelo, el pueblo que quiere ser ciudad de la mano de Vaca Muerta", 08 de abril de 2014, disponible en: http://revistapetroquimica.com/anelo-el-pueblo-que-quiere-ser-ciudad-de-la-mano-de-vaca-muerta/

Río Negro (Rodolfo Chávez) (2013), "Wintershall aporta u$s 145 millones a UTE con GyP", en diario *Rio Negro*, 24 de septiembre de 2013, disponible en: http://www.rionegro.com.ar/diario/wintershall-aporta-u-s-145-millones-a-ute-con-gyp-1259238-9544-nota.aspx

--- (2013), "Petrobras invertirá u$s 54 millones en un área neuquina", en diario *Rio Negro*, 7 de diciembre de 2013, disponible en: http://www.rionegro.com.ar/diario/petrobras-invertira-u-s-54-millones-en-area-neuquina-1408762-9544-nota.aspx

--- (Roberto Aguirre) (2014), "Hay negocio", en diario *Rio Negro*, 4 de enero de 2014, disponible en: http://www.rionegro.com.ar/diario/hay-negocio-1444450-10948-notas_energia.aspx

Svampa Maristella y Enrique Viale (2013), "YPF-Chevron, La visión más cortoplacista", en diario Clarín, 28 de agosto de 2013, disponible en: http://www.clarin.com/opinion/YPF-Chevron-vision-cortoplacista_0_982701800.html

Tiempo Argentino (2014), "La Argentina y los EE.UU. sellaron una alianza estratégica en energía", 22 de mayo de 2014, disponible en: http://beta.tiempo.infonews.com/edicion/1454/

5 - ¿Tenemos una YPF nacional? ¿Fue una estatización? ¿Por qué la asociación con las grandes empresas trasnacionales? ¿Es la soberanía hidrocarburífera asimilable a la soberanía energética?

Aportes de Observatorio Petrolero Sur, Maristella Svampa y Pablo Bertinat

¿Tenemos una YPF nacional?

El 16 de abril de 2012 la presidenta Cristina Fernández de Kirchner anunciaba por cadena nacional la expropiación del 51% de las acciones de Repsol-YPF a la compañía española Repsol. "Somos el único país de Latinoamérica y casi del mundo que no maneja sus recursos naturales", afirmaba entonces. A menos de un mes del anuncio, el 3 de mayo de 2012, el Congreso de la Nación aprobó por mayoría, y sin modificaciones, el proyecto del Ejecutivo, que se convirtió en la Ley de Soberanía Hidrocarburífera Nº 26.741. Si bien el resto del paquete accionario está en manos de privados de diferente procedencia[1], el control de la empresa lo tiene el Estado nacional. Entonces, ¿es YPF una empresa nacional? Sí, lo es mayoritariamente, pero no es una empresa pública.

YPF-modelo 2012 poco tiene que ver con aquella empresa estatal en torno a la que florecieron las economías regionales. Las diferencias

1 Repsol continuaba siendo propietaria de casi el 12% del paquete accionario. Sin embargo, tras el acuerdo con el Estado argentino para cerrar el proceso expropiatorio (la indemnización), vendió esa participación (Infobae, 07/5/2014). Por otro lado, el magnate mexicano Carlos Slim –uno de los hombres más ricos del mundo– posee algo más de 8%.

quedaron claras desde el comienzo (Plataforma 2012, 2012). Pese a las consignas militantes que pronto hablarían de la "nacionalización", ya en el anuncio de la expropiación parcial la presidenta Cristina Fernández había subrayado: "No es un modelo de estatización, que quede claro, es un modelo de recuperación de la soberanía y del control de un instrumento fundamental, porque seguimos conservando la forma de sociedad anónima, seguimos funcionando de acuerdo a la ley de sociedad privada". Dicha conformación apuntaría a la confluencia de dos lógicas: una privada, preocupada por la maximización de la renta y la ganancia, y una pública, que pretende el desarrollo y bienestar nacional. En este sentido se dirigen los elogios de Miguel Galuccio,[2] titular de YPF, a la decisión de la mandataria. "Quiero reconocer el valor, el coraje y la visión de la señora presidenta, Cristina Fernández de Kirchner, en lanzar un nuevo modelo de empresa en Argentina donde se trata de alinear los intereses de los accionistas con el interés del Estado nacional y con el manejo de una compañía netamente profesionalizada. Yo creo que este es el modelo que hoy se puede llevar adelante en este país", valoró el CEO durante su discurso en la reunión del Consejo de las Américas realizada en Buenos Aires en 2013.

En realidad, la conformación como empresa mixta permitió que se llevaran adelante políticas que confunden intereses empresariales y estatales. YPF no sólo actuaría como puente en la, por momentos, dificultosa relación Estado/compañías, sino que también compartiría la ruta con los privados en base a diferentes objetivos: impulsaría programas de subsidios y mejoras de precios en boca de pozo –como el Plan Gas–[3] y aumentaría sostenidamente los precios de los combustibles. YPF, el Estado empresario, tendría entonces un rol protagónico en tanto coordinador del sector, beneficiario de una parte de la renta y mediador entre los múltiples intereses –principalmente trasnacionales– y distintos niveles estatales, pero también capitales nacionales, locales y demandas comunitarias. Este nuevo rol también se verificó en la compra de activos como el que se concretó en febrero de 2014, cuando adquirió la totalidad de la empresa Apache –que en 2013 ostentaba el quinto lugar en la producción de gas del país– lo que permitió que la nacionalizada YPF

2 Miguel Galuccio llegó al puesto de presidente de *YPF–modelo 2012* por su larga y exitosa carrera en Schlumberger, una de las principales compañías de servicios en el sector, especialista en hidrocarburos no convencionales.

3 En relación a este tema ver "A pedido de YPF, darán más estímulos para producir gas" (La Nación, 18/10/2013).

alcanzara a la francesa Total[4] en el podio de la producción gasífera nacional (La Nación, 12/02/2014).

Por otra parte, el interés manifestado por YPF en el desarrollo de yacimientos no convencionales de gas en países vecinos como Bolivia, Paraguay, Uruguay, no sólo se explica desde una perspectiva de negocios sino también como una apuesta que apunta a incidir en el mercado regional de combustibles. A partir del desarrollo masivo de estos reservorios se procura garantizar la oferta y, en caso de ser necesario para Argentina, a acceder al gas a un precio menor del que implicaría importar GNL a través de buques metaneros (OPSur, 14/04/2014).

¿Por qué la asociación con las grandes empresas trasnacionales?

A partir de la expropiación en un contexto de crisis energética y de la mano del discurso hegemónico impulsado por Estados Unidos, la nueva fiebre "eldoradista" no tardaría en desatarse en la Argentina. El gobierno nacional y los gobiernos provinciales, sobre todo en las patagónicas Neuquén, Río Negro y Chubut, avanzaron sobre la frontera hidrocarburífera a través de la exploración y explotación de hidrocarburos mediante la cuestionada técnica del *fracking*.

El desarrollo masivo de no convencionales implica la asociación de trasnacionales que además del *know-how* adquirido en sus operaciones en otros lugares del mundo, poseen la capacidad financiera necesaria para llevar adelante estos mega emprendimientos. En este sentido, además de las grandes operadoras, como ExxonMobil y Chevron, las empresas de servicios se encuentran entre las principales beneficiarias –como Halliburton y Schlumberger– que participan del negocio y facturan más allá del rendimiento de los diferentes yacimientos.

Esta apuesta quedó explicitada en el Plan Estratégico de YPF 2013-2017, que definió tres etapas: la primera, de "Alto Impacto" (2012-2013), donde se buscaría revertir la tendencia negativa en los niveles de extracción; la segunda, el "Crecimiento", y posteriormente, como objetivo de largo plazo, el llamado "Nuevo Paradigma", que apunta al desarrollo masivo de no convencionales para convertir a Argentina en exportador neto de energía (YPF, 2012). En este Plan también figura la nueva cartografía de los no convencionales, que incluyen al menos seis cuencas. La mayor, ya en producción, es la Cuenca Neuquina, donde se encuentran varias formaciones: Vaca Muerta (*shale oil*/gas); Los Molles (*shale gas*); Agrio (*shale oil*); Lajas (*tight gas*) y Mulichinco (*tight oil/gas*). Además del territorio neuquino, esta cuenca

4 En 2013 Total Austral superó a YPF con un 29,5% de producción de gas.

incluye parte del sur de Mendoza y el Alto Valle de Río Negro. Las otras cuencas son: Chaco Paraná (*shale oil*), que abarca toda la Mesopotamia y gran parte del noroeste, así como el sur del Brasil, Paraguay y oriente de Bolivia; Cuenca Cuyana, que contempla las formaciones Cacheuta (*shale oil*) y Potrerillos (*tight oil*), básicamente en Mendoza; Cuenca de Tarija, formación Los Monos (*shale gas*), que incluye el noroeste de Argentina y sur de Bolivia; Cuenca del Golfo San Jorge, en Chubut y Santa Cruz, con las formaciones Aguada Bandera y D-129; y Cuenca Austral-Magallanes, que tiene Magnas Verdes. Hay una séptima, Claromecó, en el sur de la provincia de Buenos Aires, presentada como cuenca de frontera, donde el interés estaría en gas asociado a mantos de carbón (OPSur, 07/03/2014; Svampa y Viale, 2014).

Más allá de ese documento, atravesado por el exitismo fundacional, hasta el momento no se produjo la prevista reconfiguración del mapa extractivista: *YPF-modelo 2012* se enfocó en la Cuenca Neuquina y en Golfo San Jorge, donde el conocimiento del subsuelo y la infraestructura instalada optimiza el escenario de explotación y permite una rápida puesta de la producción en el mercado.[5]

Este desarrollo no convencional se sustancia de la mano de acuerdos entre *YPF-modelo 2012* y compañías trasnacionales. En este sentido, el firmado con Chevron para la explotación de la formación de Vaca Muerta, puso en tensión el relato que confundía la expropiación parcial con estatización. Como la petrolera de bandera mantuvo el modelo de sociedad anónima, a diferencia de su antecesora sociedad del Estado, no se vio obligada a dar detalles del convenio firmado.

> YPF subraya esta decisión y desmiente las desviaciones estatalistas: "YPF no es una empresa estatal, sino que, como lo dice la Ley, es una sociedad anónima. Por esa razón es que la negociación con Chevron se llevó adelante cumpliendo con todas las obligaciones que surgen tanto de la Ley de Sociedades Comerciales como las que surgen de los reguladores y sus accionistas, por ser una empresa que cotiza en la Bolsa de Buenos Aires y en la de Nueva York" (YPF, 2013).

5 Si bien no sería extraño que en los próximos meses se hicieran anuncios en torno a proyectos de no convencionales en las cuencas Cuyo, Noroeste e incluso en la Austral, es poco probable que se avance sobre la regiones Mesopotámica (Chacoparanaense) y Pampeana, dado que demandaría una mayor inversión no sólo por el desconocimiento geológico y los estudios previos que requiere, sino también, porque una vez puestos en superficie los hidrocarburos, su introducción en el mercado se vuelve más costosa por la falta de infraestructura –gasoductos, oleoductos, etc.– ya existentes en las regiones "petroleras".

Esta argumentación se corresponde con el artículo 15 de la Ley 26.741 que precisa que no le serán "aplicables legislación o normativa administrativa alguna que reglamente la administración, gestión y control de las empresas o entidades en las que el Estado nacional o los Estados provinciales tengan participación". Es decir, esta figura la exime de rendir cuentas frente a la ciudadanía. Arguyendo dicha legalidad, *YPF-modelo 2012*, pudo sortear cualquier control público y mantener ocultas las cláusulas del convenio firmado con Chevron (Svampa y Viale, 2013).

Ese convenio fue viabilizado por la Legislatura neuquina en la sesión del 28 de agosto de 2013, mientras en las afueras del recinto la represión policial, que se extendió por casi siete horas, impidió que una movilización de cinco mil personas expusiera su oposición con respecto a lo que allí se discutía. Sordos a este reclamo, la mayoría de legisladores aceptaron el acuerdo entre la provincia e YPF por el cual al área Loma Campana se le incorporó una fracción de Loma la Lata-Sierra Barrosa para la explotación de no convencionales (enmarcada en el Decreto 929/13 firmado poco antes por el gobierno nacional). En esa área, que coincide con el territorio de la comunidad mapuche Campo Maripe, se materializó el acuerdo entre YPF y Chevron para realizar los pozos de *shale oil*. La comunidad no fue consultada, a pesar que lo establece la Constitución y el convenio 169 de la OIT.

¿Es la soberanía hidrocarburífera asimilable a la soberanía energética?

En los 20 años transcurridos desde que se iniciara el proceso privatizador, YPF y su contexto se modificaron notablemente. Si bien la actual "petrolera de bandera" sigue siendo –como antes de la privatización– la principal productora de hidrocarburos del país, en 2013 sólo extrajo el 37% del petróleo y el 25% del gas. Es decir, que más de un 60% de la producción nacional está en mano de compañías privadas. A excepción de la parcialmente expropiada, las firmas que dominan el mercado son predominantemente de capital extranjero, entre ellas, Pan American Energy,[6] Total, Petrobras, Sinopec y Chevron.

Al observar estos números, y utilizando el parámetro gubernamental que concibe a la soberanía hidrocarburífera como la gestión estatal de los combustibles fósiles, a fin de garantizar el autoabastecimiento y dinamizar la economía a través de la generación de saldos exportables, se

6 El 60% de las acciones de Pan American Energy están en poder de British Petroleum, mientras que el 40% restante corresponden a la empresa Bridas, cuya propiedad comparten en parte iguales el grupo argentino Bulgheroni y la china CNOOC.

constata cuán lejos está Argentina de haber recuperado dicha soberanía. Incluso el objetivo de arrastrar a todo el sector hidrocarburífero a partir del control de YPF también está lejos de lograrse, ya que los niveles de extracción de gas y petróleo continúan en caída y sólo la petrolera nacional ha mostrado voluntad de realizar importantes inversiones para revertir el escenario (Página 12, 14/04/2014). Los cuestionamientos, sin embargo, son mayores al considerar las alianzas que la empresa nacionalizada ha concretado o pretende concretar con trasnacionales para avanzar en el desarrollo no convencional.

Pero desde otra óptica, en la que la soberanía es entendida como el accionar del pueblo, también podría indicarse que la dirección de YPF lejos está de ser una conducción soberana, en tanto dista de reflejar la participación popular y no respeta –ni siquiera consulta– las decisiones de quienes viven en los territorios afectados.

Sin embargo, más allá del cuestionamiento a la estrecha noción de soberanía en la que podría entenderse a YPF, en ningún momento desde los despachos oficiales se planteó una perspectiva que tomara en cuenta la soberanía energética. Es decir, una mirada que abrevara en otras alternativas, que apuntara a la necesaria diversificación de la matriz energética argentina, dependiente casi en un 90% de los combustibles fósiles, y que tuviera en cuenta la necesaria incorporación de la eficiencia energética. Esta nueva vorágine hidrocarburífera frenó incluso el desarrollo de nuevas fuentes complementarias sustentables.[7]

7 La Ley 26.190 de diciembre de 2006 crea el Programa de Generación con Recursos Renovables (GENREN) con el objetivo de lograr una contribución de las fuentes de energía renovables hasta alcanzar el 8% del consumo de energía eléctrica nacional, en el plazo de diez años. A siete años de sancionada la norma los avances fueron ínfimos (Clarín, 08/12/2013).

Fuentes consultadas

Academia Nacional de Ingeniería (2011), *Reflexiones sobre una matriz sostenible,* Instituto de Energía, septiembre de 2011, disponible en: http://www.tecnoil.com.ar/pdf/ani-rme.pdf

Clarín (Antonio Rossi) (2013), "Energía verde: fracasó el plan de Enarsa y habrá nuevas licitaciones", en diario *Clarin*, 8 de diciembre de 2013, disponible en: http://www.clarin.com/politica/Energia-fracaso-Enarsa-nuevas-licitaciones_0_1043895670.html

Infobae (2014), "Repsol vendió el 12% de las acciones que le quedaban en YPF", 07 de mayo de 2014, disponible en: http://www.infobae.com/2014/05/07/1562370-repsol-vendio-el-12-las-acciones-que-le-quedaban-ypf

La Nación (Pablo Fernández Blanco) (2013), "A pedido de YPF, darán más estímulos para producir gas", diario *La Nación*, 18 de octubre de 2013, disponible en: http://www.lanacion.com.ar/1630087-a-pedido-de-ypf-daran-mas-estimulos-para-producir-gas

--- (2014), "YPF compró los activos locales de las petrolera Apache por U$S 800 millones", diario *La Nación*, 12 de febrero de 2014, disponible en: *http://www.lanacion.com.ar/1663589-ypf-compro-los-activos-locales-de-la-petrolera-apache-por-us-800-millones*

OPSur (2012), "YPF S.A. bajo el paradigma shale for export", en *Fractura Expuesta* N°2, 4 de noviembre de 2012, Buenos Aires.

--- (2014), "Claromecó, la cuenca fallida", 7 de marzo de 2013, disponible en: http://wp.me/p1NWJb-fUq

--- (Hernán Scandizzo) (2014), "YPF, nuevos desiertos y resistencias", 14 de abril de 2014, disponible en: http://wp.me/p1NWJb-g9H

Página 12 (2014), "No creo que alcance con YPF", diario *Página 12*, 14 de abril de 2014, disponible en: http://www.pagina12.com.ar/diario/economia/2-244077-2014-04-14.html

Río Negro (2014), "YPF-Chevron: confirman sociedad en Loma Campana y explorarán Chihuidos de la Sierra Negra", diario *Rio Negro*, 14 de abril de 2014, disponible en: http://www.rionegro.com.ar/diario/ypf-chevron-confirman-sociedad-en-loma-campana-y-exploraran-chihuido-de-la-sierra-negra-1947021-62202-nota.aspx

--- (2013), "Petrobras invertirá U$S 54 millones en área neuquina", diario *Rio Negro*, 07 de diciembre de 2013, disponible en: *http://www.rionegro.com.ar/diario/petrobras-invertira-u-s-54-millones-en-area-neuquina-1408762-9544-nota.aspx*

--- (2013), "Wintershall aporta U$S 145 millones a UTE con GyP", diario *Rio Negro*, 24 de septiembre de 2013, disponible en: *http://www.rionegro.com.ar/diario/wintershall-aporta-u-s-145-millones-a-ute-con-gyp-1259238-9544-nota.aspx*

Svampa, Maristella y Viale, Enrique (2013), "YPF-Chevron, La visión más cortoplacista", en diario *Clarín*, 28 de agosto de 2013, disponible en: //www.clarin.com/opinion/YPF-Chevron-vision-cortoplacista_0_982701800.html

Svampa, Maristella y Viale, Enrique (2024), Maldesarrollo. La Argentina del extractivismo y el despojo, Buenos Aires, Editorial Katz.

YPF (2012), *Plan Estratégico*, 30 de agosto de 2012, disponible en: http://www.enerclub.com.ar/upload/archivos/YPF_PLAN_ESTRATEGICO_127.pdf

--- (2013), *Acuerdo para desarrollar Vaca Muerta*, 10 de diciembre de 201, disponible en: http://www.ypf.com/YPFHoy/YPFSalaPrensa/Paginas/Acuerdo-para-desarrollar-Vaca-Muerta-Chevron-inversion.aspx

--- (2014), *FORM 20-F. Annual Report pursuant to section 13 or 15(d) of the securities Exchange act of 1934*, para el año fiscal terminado el 31 de diciembre de 2013.

6 - ¿Por qué es tan importante el convenio entre YPF y Chevron? ¿Cuáles son las condiciones que impuso dicho convenio a nuestro país?

Aportes de Maristella Svampa, Enrique Viale y Observatorio Petrolero Sur

El Plan Estratégico 2013-2017 presentado por Miguel Galuccio para reducir las importaciones de combustibles, lograr el autoabastecimiento y generar saldos exportables, demandaba una inversión de 37 mil millones de dólares. A una empresa desinvertida, endeudada y vaciada como YPF, sin posibilidades de tomar deuda –debido a que el proceso expropiatorio no estaba cerrado–, no le quedaban demasiadas opciones más que la asociación con otras. En ese punto el dilema era con quién y bajo qué condiciones.

Por otro lado, la alianza con otras grandes empresas no sólo era buscada por las necesidades financieras de la compañía sino también porque esto fortalecía a la nueva conducción ante los reclamos de Repsol. Inmediatamente después de la expropiación comenzaron las reuniones con referentes de diferentes petroleras: Total, Exxon, Chevron e incluso la estatal china CNOOC. En mayor o menor medida todas ponían como condición para asociarse que el precio del crudo se tomara de la cotización internacional, que pudieran liquidar divisas en casa matriz –sin ningún tipo de restricción– y volver a gozar de la libre disponibilidad de los hidrocarburos, por ejemplo, exportar sin restricción alguna. Es decir, planteaban volver al esquema impuesto en la década del noventa, donde el sector estaba totalmente desregulado y las empresas contaban con pleno poder de decisión sobre lo extraído. Las exigencias del sector corporativo significaban para la gestión de Cristina Fernández no sólo ir contra la Ley de Soberanía Hidrocarburífera –que echó por tierra la libre disponibilidad– sino contra todo el relato épico de la expropiación de YPF.

En el marco del mencionado Plan Estratégico, la transnacional de origen norteamericano Chevron –a la sazón, la empresa que tiene la mayor condena ambiental de la historia–, emergería como la única opción. Precisamente, por esa misma causa, el acuerdo entre YPF y Chevron se vio demorado debido a un primer embargo sobre los bienes de la empresa que en nuestro país fue impulsado por la Asamblea de Afectados de Chevron de Ecuador, que intentó cobrar la sentencia dictada por la Justicia de su país. El embargo, aceptado en primera y segunda instancia, fue rechazado por la Corte Suprema de Justicia de la Nación, que levantó la medida por pedido expreso de la Procuradora Nacional, Alejandra Gils Carbó. De esta manera se allanó el camino para la concreción del convenio y luego de un largo silencio, se anunció un acuerdo para explotar Vaca Muerta.

Tal como varios analistas habían adelantado, las condiciones que impondría Chevron serían leoninas (Serricchio, 2013). Veinticuatro horas antes de la firma del acuerdo se conoció el Decreto del Poder Ejecutivo Nacional N° 929 por el que se creó un Régimen de Promoción de Inversión para la Explotación de Hidrocarburos, que en buena medida responde satisfactoriamente a las demandas que la petrolera estadounidense y las corporaciones del sector pusieran como condición para asociarse. El nuevo marco regulatorio prevé beneficios para las empresas que presenten proyectos de explotación de un monto no inferior a 1.000 millones de dólares. Esta disposición, firmada por la presidenta Fernández de Kirchner y tres de sus ministros, establece que a partir del quinto año de iniciado el proyecto podrán comercializar hasta el 20% de los hidrocarburos líquidos y gaseosos extraídos de acuerdo a la cotización internacional, sea su destino la exportación o el mercado interno, si es que este no se encuentra debidamente abastecido. En el primer caso, se quitará todo gravamen aduanero y en ambos se permitirá la libre disponibilidad de divisas, es decir, su liquidación en casa matriz. Cabe señalar que la Ley 17.319 de Hidrocarburos no autoriza a otorgar por decreto exenciones al pago del derecho de exportación, sino que tiene que hacerse mediante la sanción de una ley. Por otro lado, la nueva reglamentación tampoco avanza en materia ambiental, soslayando los impactos que a partir de la explotación de yacimientos no convencionales ocurrieron en otros países.

Chevron contaría en nuestro país con otras exenciones, más allá de las otorgadas por el citado decreto que alcanza a toda la industria. Según el diario *New York Times*, el acuerdo firmado con YPF establecería que Chevron continuaría recibiendo parte de las regalías de aquellos pozos que alcance a poner en marcha aún si se retira del país, es decir, obtendría "los beneficios netos del 50% de la producción de los pozos iniciales a perpetuidad". Asimismo la ley aplicable del Acuerdo, en caso de incumplimiento o disputas, no es la de Argentina, sino la que rige en la ciudad de Nueva York y la jurisdicción no sería los tribunales argentinos sino la Corte Internacional de Arbitraje de la Cámara de Comercio Internacional (CCI), con sede en Francia. Por otra parte, se afirmaba que "YPF depositará en sucesivas semanas 100 millones de dólares en un banco de los Estados Unidos en concepto de *escrow* (depósito o garantía) para que Chevron pueda, eventualmente, cobrar de esa cuenta las futuras utilidades del negocio" (i Profesional, 24/10/2013). Recordemos que entre la sanción de la ley de expropiación de YPF y la firma del acuerdo con Chevron, el gobierno aumentó el precio del gas en boca de pozo en un 200%, a fin de atraer la inversión de los capitales extranjeros (Página 12, 29/11/2012).

De modo que, más allá de los reclamos del gobierno ecuatoriano, Chevron fue defendida por el gobierno nacional y el provincial, como el "mejor socio" de YPF y el "más solvente" para la explotación de hidrocarburos no convencionales en la formación Vaca Muerta, pese a que hasta mayo de 2013, el propio gobierno de Neuquén había evaluado "sacarle los bloques concesionados a Chevron, porque no invertía lo suficiente" (Río Negro, 25/08/2013).

Como hemos señalado en el mito 5, los legisladores del MPN y el Frente para la Victoria, más sus aliados, aprobaron en el Parlamento neuquino la firma del acuerdo entre la provincia e YPF, lo que, por ende, implicaba avalar el convenio de YPF con Chevron, sin haber accedido a su contenido completo. Esto se llevó a cabo sin llamado a audiencia pública y sin que el acuerdo pasara por la Comisión de Medio Ambiente, pese a los pedidos y presentaciones judiciales impulsadas por algunos diputados de la oposición. Tampoco hubo consulta a las comunidades mapuches, que invocaban el Convenio 169 de la OIT y la Declaración de Derechos Humanos de los Pueblos Indígenas de la ONU, que exige el consentimiento libre, previo e informado de las comunidades indígenas sobre lo que pueda ocurrir en sus territorios. Cabe destacar que justamente el área sobre la que se desarrolla el proyecto de YPF y Chevron afecta el territorio de la comunidad Campo Maripe.

En mayo de 2014 la Cámara Federal porteña ratificó que la Presidenta Cristina Fernández de Kirchner puede ser investigada por la firma del Decreto 929/13, publicado un día antes de que se rubricara el acuerdo entre YPF y Chevron, lo cual volvió a poner en la arena pública la manera en que la petrolera norteamericana llegó a explotar Vaca Muerta. En la demanda en contra de la Presidenta, como firmante del decreto, se denunciaba el incumplimiento de sus deberes como funcionaria pública, el abuso de autoridad y se hacía referencia al daño ambiental en grado de tentativa que supone la utilización del *fracking*. El fallo de la Cámara habilita la investigación de un hecho que ha sido cuestionado desde antes de la firma del acuerdo: Chevron impuso sus términos para desembarcar en Vaca Muerta. Estos quedaron reflejados en el Decreto 929/13, que creó un régimen de promoción hidrocarburífero que beneficia a las compañías que inviertan más de mil millones de dólares.

Días después de esta ratificación de la Cámara Federal, a través de una solicitada, el titular de YPF, Miguel Galuccio, alegó en favor del accionar presidencial esgrimiendo dos argumentaciones centrales. Por una parte, señaló que los beneficios del decreto son generales y aplicables a cualquier proyecto hidrocarburífero que cumpla el mínimo de inversión estipulado. Por otro lado, Galuccio habló de "la oportunidad" que significa este convenio, ya que de esta manera "Argentina es el segundo país que logra escala en la puesta en producción de no convencionales".

El convenio entre YPF y Chevron aparece así como un caso testigo que, en virtud de su importancia, abre la puerta al *fracking* a gran escala en nuestro país, al tiempo que sienta las bases y condiciones para la asociación con otras compañías petroleras extranjeras.

Para desdibujar las críticas, la petrolera de bandera y los sectores afines al gobierno nacional –medios de prensa y organizaciones políticas– motorizaron una fuerte campaña publicitaria que cerraba el debate energético en la necesidad del autoabastecimiento hidrocarburífero, así como también en la simbología del nacionalismo ypefiano, y presentaba el acuerdo con la corporación estadounidense como un paso necesario para la consolidación de la Soberanía (ver mito 17). En simultáneo, el lobby petrolero, que tenía como cara visible al Instituto Argentino del Petróleo y el Gas (IAPG) y sumaba a autoridades nacionales y provinciales y sectores académicos, iniciaba la tarea de instalar la idea de "*fracking* seguro" a través de grandes solicitadas en diarios de tirada nacional y regional. Además, se publicaron libros y cartillas informativas, que fueron enviadas tanto a legisladores nacionales y provinciales como a concejales y establecimientos educativos.

Entre los argumentos desarrollados, el IAPG afirmaba que gracias a la profundidad de la capa de esquistos no habría problemas de contaminación de acuíferos, tal como sucedió en Estados Unidos, donde se perforó a un centenar de metros. Sin embargo, los casos emblemáticos donde se vincula los riesgos de contaminación del agua y la fractura se dan en la formación Marcellus Shale, que se encuentra entre 7.000 y 10.000 pies (2.100 a 3.000 metros), profundidades similares a las presentes en Argentina. Además, éste discurso entra en contradicción con los argumentos esgrimidos por las mismas empresas petroleras, que niegan su responsabilidad en los casos de contaminación denunciados en Estados Unidos (ver mitos 8, 11 y 17).

Por último, cabe subrayar que la influencia de Estados Unidos se torna cada vez más evidente. No olvidemos que es el país del norte el principal productor mundial de no convencionales y verdadero motor de su extracción. Así, el pasado 22 de mayo de 2014 el Subsecretario de Energía de los Estados Unidos, Daniel Poneman, visitó nuestro país; el emisario del gobierno estadounidense se reunió con todos, gobierno y oposición. Además de la propia Presidenta y el gobernador de Neuquén, éste fue recibido por el Jefe de Gabinete de Ministros, Jorge Capitanich; los ministros de Planificación y Economía, Julio de Vido y Axel Kiciloff; y los dirigentes opositores Ernesto Sanz y Jesús Rodríguez. También el Presidente de la Cámara de Diputados, Julián Domínguez, lo recibió junto al presidente del bloque de senadores del FpV, Miguel Angel Pichetto, los presidentes de las comisiones de Energía de las dos Cámaras –el sindicalista neuquino Guillermo Pereyra y el santacruceño Mario Metaza– y los diputados Omar Perotti, Mario Das Neves y Dante González, entre otros.

El mensaje del Subsecretario de Energía de Estados Unidos fue explícito: exigió reglas claras, un régimen fiscal especial y "seguridad para los contratos, porque hay empresas que van a invertir miles de millones de dólares". El pedido no era sólo para Chevron, pues también tienen presencia en Vaca Muerta otras petroleras norteamericanas como EOG Resources y Exxon. Justamente el funcionario estadounidense se comprometió a allanar el camino para que esta última realice fuertes inversiones en la Cuenca Neuquina.

Fuentes consultadas

Acosta, Alberto (2013), "Sentencia contra Texaco en Ecuador, por la destrucción de la Amazonía", publicado en *Coordinación por los Derechos de los Pueblos Indígenas*, disponible en: http://codpi.org/observatorio/76-sentencia-texaco

La Mañana Neuquén (2013), "Red Azul para Vaca Muerta", en diario *La Mañana Neuquén,* 2 de agosto de 2013, disponible en: http://www.lmneuquen.com.ar/noticias/2013/8/2/red-azul-para-vaca-muerta_195704

--- (2014), "Vaca Muerta, Estados Unidos pide reglas claras para invertir", en diario *La Mañana Neuquén,* 23 de mayo de 2013, disponible en: http://www.lmneuquen.com.ar/noticias/2014/5/23/vaca-muerta-eeuu-pide-reglas-claras-para-invertir-_225494

Infobae (Félix Herrero) (2014), "Chevron roba en el país mientras la echan de Europa", en diario *Infobae,* 11 de enero de 2014, disponible en: http://opinion.infobae.com/felix-herrero/2014/01/11/chevron-roba-en-el-pais-mientras-la-echan-de-europa/

i Profesional (2013), "Clausula secreta: Polémico artículo de New York Times revela lo que no se podía decir de YPF y Chevron", 24 de octubre de 2013, disponible en: http://www.iprofesional.com/notas/172764-Clusula-secreta-polmico-artculo-del-New-York-Times-revel--lo-que-no-se-poda-decir-de-YPF-Chevron

OPSur (2012), "YPF S.A bajo el paradigma shale for export", 04 de noviembre de 2012, disponible en: http://wp.me/p1NWJb-aVC

--- (2013), "Detrás de la neutralidad del IAPG están los intereses de las empresas petroleras. Posicionamiento firmado por organizaciones e individualidades de todo el país", 19 de septiembre de 2013, disponible en: http://wp.me/p1NWJb-eQs

Svampa, Maristella y Viale, Enrique (2014), "Entre la impunidad ambiental y la legislación 'a medida'", en diario *Rio Negro*, 21 de mayo de 2014, disponible en: http://www.rionegro.com.ar/diario/entre-la-impunidad-ambiental-y-la-legislacion-a-medida-2237398-9539-nota.aspx.

La Vanguardia (Svampa, Maristella y Viale, Enrique) (2014), "El avance del consenso del fracking", Buenos Aires, mayo.

Río Negro (2013), "Por Chevron Coco y Etcheverry endurecen acusaciones", 25 de agosto de 2013, disponible en: http://www.rionegro.

com.ar/diario/por-chevron-coco-y-etcheverry-endurecen-acusaciones-1237808-9544-nota.aspx

--- (2014), "La justicia neuquina ordenó informar sobre el acuerdo YPF-Chevron", 4 de febrero de 2014, disponible en: http://www.rionegro.com.ar/diario/la-justicia-neuquina-ordeno-informar-sobre-el-acuerdo-ypf-chevron-1527347-62202-nota.aspx

Página/12 (Dellatorre, Raúl) (2007), "La argentinización de YPF", en diario *Página 12*, 21 de diciembre de 2007, disponible en: http://www.pagina12.com.ar/diario/economia/2-96507-2007-12-21.html

--- (Dellatorre, Raúl) (2011), "Un cuarto de YPF en manos de Eskenazi", en diario *Página 12*, 05 de mayo de 2011, disponible en: http://www.pagina12.com.ar/diario/economia/2-167586-2011-05-05.html

--- (2012), "Aumenta el gas en boca de pozo", 29 de noviembre de 2012, disponible en: http://www.pagina12.com.ar/diario/economia/2-208842-2012-11-29.htm

7 - ¿Quiénes se hacen cargo de los pasivos ambientales? ¿No es que la indemnización a REPSOL incluiría los pasivos ambientales que la empresa ha dejado en nuestro país? ¿Qué hay detrás del discurso oficial?

Aportes de Maristella Svampa, Enrique Viale y Observatorio Petrolero Sur

En abril de 2012, poco después del anuncio de la expropiación del 51% de las acciones de YPF a Repsol y en plena euforia estatizante, el entonces subinterventor de la compañía, Axel Kicillof, afirmó que el país no pagaría lo que la empresa española pretendía y que además se descontarían los pasivos financieros y ambientales. Se aducía que los españoles "no habían informado sobre nuevos yacimientos" y que en los balances "sus pasivos ambientales no fueron expuestos", por lo que se realizaría una auditoría. Poco después, el 1 de junio de 2012, en conferencia de prensa, Kicillof destacaba "la recuperación ambiental que Repsol no quiso hacer porque era, para ellos, plata tirada a la basura, ya que el medioambiente es nuestro", por lo cual concluyó que "teníamos una empresa que ha depredado también nuestro medioambiente".

Sin duda, la noticia de que el gobierno planificaba auditar los pasivos ambientales dejados por Repsol, causó tal revuelo que no fueron pocos los voceros políticos y mediáticos del oficialismo que iniciaron una rápida recolección de datos y testimonios, a fin de cuantificar los pasivos y daños ambientales. "Actualmente, el rojo de Repsol en YPF asciende a cerca de U$S 15 mil millones, U$S 9.000 millones en concepto de pasivo financiero, y el resto (más de U$S 6.000 millones) en daños al medioambiente en las principales provincias petroleras", escribía un columnista del diario Tiempo Argentino (24/5/2012).

Desbordantes de entusiasmo, los gobernadores de las provincias petroleras desempolvaron los informes ambientales y comenzaron a hacer rápidamente los cálculos, prestos a competir en declaraciones impactantes: en Santa Cruz, en un inventario elaborado por la Subsecretaría de Medio Ambiente, se le atribuía a Repsol un pasivo ambiental valuado en 500 millones de dólares. El listado de irregularidades incluía unas 1.700 piletas de desechos mal saneadas, sobre un total de 5.000 que la empresa tiene en la provincia. Por otra parte, aunque prefirió no adelantar cifras, el gobernador de Chubut, Martín Buzzi, consideró que el monto de la valuación de los pasivos "puede superar al del resto de las provincias". En tanto en Neuquén, el ministro de Energía y Servicios Públicos de la provincia, Guillermo Coco, estimó que si bien aún no estaba monetarizado, las proyecciones indicaban que el pasivo ambiental que tenía YPF-Repsol alcanzaría los U$S 1.500 millones (Río Negro, 15/05/2012).

Asimismo, el diario Página 12 revelaba en una serie de entrevistas la dimensión de esos "pasivos ambientales" dejados por Repsol. Los informes hablaban de la pesada "herencia", especialmente en la Cuenca Neuquina, donde los pasivos ambientales alcanzarían unos 5.000 millones de dólares, además de cientos de denuncias por daños al medioambiente. "También registra una causa penal contra el titular de la firma española, Antonio Brufau, y el ex CEO de la empresa, Sebastián Eskenazi, por contaminación en la zona de Loma La Lata, el principal yacimiento de gas del país. Los interventores de la empresa, ahora bajo control del Estado, ya tomaron nota de todos los incidentes y buscan obtener una cifra que determine el pasivo ambiental que carga YPF sobre sus espaldas. Se trata de un dato clave –afirmaba el periodista– a la hora de discutir el precio que se deberá pagar por la expropiación del 51 por ciento de las acciones" (Página 12, 23/5/2012). En tanto el ministro de Planificación, Julio De Vido, por esos días afirmaba: "Vamos a acogernos a lo que plantee la ley que fijará el valor (de la compañía). Pero el desastre en que dejaron la infraestructura de producción tiene su costo y lo van a tener que pagar, porque el medio ambiente no se rifa, tiene precio" (Revista 23, 25/04/2012).

Así, los daños socio-ambientales, externalizados a partir de políticas públicas que durante dos décadas redujeron al plano de lo simbólico la aplicación de normas ambientales, controles, sanciones y remediación, se transformaron en letra fuerte del relato del momento. Un relato que condenaba a Repsol pero que exculpaba a quienes desde la función pública, por acción u omisión, también debían responder por esos pasivos. Sin embargo, desde los `90, la mayor parte de las denuncias realizadas por comunidades afectadas, pueblos originarios y organizaciones ambientalistas, fueron ignoradas por los sucesivos gobiernos provinciales y nacionales, lo cual incluye de pleno los años de la administración kirchnerista (OPSur, 04/12/2013).

Por su parte, las organizaciones de pueblos originarios, aunque apoyaron la expropiación parcial de YPF, no dejaron pasar la oportunidad para denunciar "la hipocresía gubernamental". La comunidad mapuche Kaxipayin, de Loma La Lata, marcó esa posición a través de un duro comunicado:

> "Hoy la hipocresía de los gobernantes de turno utiliza nuestras denuncias de contaminación y pasivos ambientales para sacar ventaja de Repsol y pareciera que esta fuera la única culpable. Pero pregunto, mientras Repsol YPF contaminaba a gran escala, como siempre las comunidades denunciamos, el estado nacional, provincial, con la legislación, leyes y autoridad de aplicación que garantizarían el buen funcionar, sano, de la actividad extractiva, ¿dónde estaba? Hoy se llenan la boca hablando de daños, contaminación y pasivos ambientales. Vuelvo a preguntar, ¿cuál es lo nuevo? Si siempre lo supimos y ellos estuvieron ausentes. ¿Y para quiénes serían las sanciones? Quedará seguramente en la duda de todos y en los bolsillos de pocos. Pero la verdad que dan pena, porque hace quince días atrás el Estado defendía que la contaminación no existía en Loma La Lata. Hoy es una de las prioridades para descontar la expropiación. O sea, un día están de un lado, un día de otro, y simplemente son un montón de delincuentes que pelean por una cartera muy grande, y la puja es para ver quién se queda con la mayor cantidad de acciones, mientras nosotros sufrimos las consecuencias de sus avaricias" (OpSur, 2012).

En noviembre de 2012, el entonces Jefe de Gabinete, Juan Manuel Abal Medina, y el subinterventor de YPF, Axel Kicillof, presentaron el "Informe Mosconi" en la Biblioteca Nacional, el cual recopilaba los resultados de la investigación oficial llevada a cabo desde el 16 de abril hasta el 1 de junio de 2012 por el equipo de la Intervención de la empresa YPF, a cargo de Julio De Vido y el propio Kicillof. El propósito del mismo, según se señala en su página 3, "es aportar evidencia sobre la estrategia de depredación, desinversión y desabastecimiento del mercado interno que desplegó el grupo Repsol desde que tomó el control de YPF en el año 1999" (De Vido y Kiciloff, 2012).

En términos legales, dicho informe constituye prueba en sede administrativa, según la Ley General del Ambiente, y por ello la Asociación Argentina de Abogados Ambientalistas inició ante la Corte Suprema de Justicia de la Nación una acción de recomposición del ambiente contra Repsol, YPF, el Estado Nacional y los Estados Provinciales, en base a la obligación establecida en la Constitución Nacional que señala que "el daño ambiental generará prioritariamente la obligación de recomponer". Este reconocimiento del daño ambiental debió ser acompañado del inmediato inicio de acciones penales por la violación de la Ley Nacional 24.051, que establece delitos ambientales de orden público. En otros términos, la ley dice que los funcionarios públicos nacionales y provinciales y los Estados también deberían ser condenados –civil y penalmente– por no controlar la contaminación ambiental, ahora admitida en un documento oficial.

En diciembre de 2012, el gobernador de la provincia de Santa Cruz, Daniel Peralta, presentó al entonces interventor de Repsol-YPF, Ing. Miguel Galuccio, la cuantificación de los pasivos ambientales dejados por la empresa en esa provincia. Los mismos ascenderían a U$S 3.500 millones (La Opinión Austral, 27/8/2012), unas siete veces el valor que la provincia debe pagar por la acciones recibidas (5,22%) por la expropiación de la empresa. La provincia de Santa Cruz fue la única provincia que realizó esta evaluación.

Así el concepto de "pasivo ambiental" tuvo una entrada sorpresiva y fulgurante, pero igualmente fugaz…evidentemente el oficialismo encontró que no era conveniente seguir insistiendo en el tema, debido a la existencia –real y potencial– de tantos reclamos de carácter socioambiental. A esto se sumó que el argumento pronto dejó de ser funcional en la puja con Repsol. Los tiempos fueron moderando el tono de los reproches ante la urgencia de negociar con otros operadores petroleros, como Chevron, para explotar Vaca Muerta.

La cuestión es que simplemente el tema de los pasivos ambientales desapareció del discurso gubernamental, y luego, a la hora de firmar el acuerdo con Repsol, ningún miembro del elenco gubernamental (provincial y nacional) volvió a mencionarlo. El convenio, suscripto el 27 de febrero de 2014 en el Ministerio de Economía por su titular, Axel Kicillof, y los representantes de Repsol, establece que la firma española "se aviene a aceptar por todo concepto la suma de US$ 5.000 millones pagaderos en 'bonos soberanos', como compensación por la expropiación" del paquete de control de YPF. Dicha conformidad de Repsol contempla la aceptación del pago de la compensación mediante la entrega de títulos de deuda pública en dólares.

En caso de que la valorización de mercado de los títulos públicos detallados sea, al cuarto día previo a la fecha de pago, inferior al "valor de referencia" (valor garantizado de US$ 4.670 millones), la República Argentina deberá entregar títulos públicos adicionales para cubrir la diferencia hasta ese "valor de referencia", con un tope de US$ 10.000 millones. Finalmente en abril de 2014 el Congreso Nacional ratificó por ley el Convenio entre la multinacional española y las autoridades argentinas.

Finalmente, triunfó la impunidad ambiental y el cinismo político, pues los enormes pasivos ambientales producidos por Repsol no se tuvieron en cuenta a la hora de determinar el "precio" de YPF. Así, se terminan socializando los pasivos ambientales y somos los ciudadanos argentinos los que pagamos entre todos, con nuestra salud, los ecosistemas y territorios (Svampa y Viale, 2014).

Fuentes consultadas

De Vido, Julio y Kicillof, Axel (2012), *YPF, El Informe Mosconi*, Ministerio de Planificación Federal, Inversión Pública y Servicios; Ministerio de Economía y Finanzas, disponible en: http://www.mecon.gov.ar/wp-content/uploads/2012/06/Informe-MOSCONI-v12-modif.pdf

La Opinión Austral (2012), "El pasivo ambiental superaría los 3.500 millones de dólares", 27 de agosto de 2012, disponible en: www.laopinionaustral.com.ar/diario.asp?Modo=Noticia&NId=3500&texto=&A=2012&M=8&D=27

Observatorio Petrolero Sur (2012), "La Comunidad Mapuche Kaxipayin y la estatización de YPF en Loma La Lata", 25 de abril de 2012, disponible en: http://www.opsur.org.ar/blog/2012/04/25/la-estatizacion-de-ypf-en-loma-la-lata/

--- (4 de diciembre de 2013), "El acuerdo con Repsol y la impunidad ambiental", disponible en: http://wp.me/p1NWJb-fqz

Página/12 (Premici, Sebastián) (2012), "Pasivos Ambientales", en diario *Página 12*, 19 de septiembre de 2012, disponible en: http://www.pagina12.com.ar/diario/elpais/subnotas/192217-58700-2012-04-19.html

--- (Roberto Aguirre) (2012), "La Herencia", en diario *Página 12*, 23 de mayo de 2012, disponible en: http://www.pagina12.com.ar/diario/suplementos/cash/17-6006-2012-05-23.html

Revista Veintitrés (Adrián Murano) (2012), "Contra las cuerdas", en *Revista 23*, 25 de abril de 2012, disponible en: http://veintitres.infonews.com/index.php?tipo=imprimirarticulo&notaid=4635

Svampa, Maristella y Viale, Enrique (2014), *Maldesarrollo. La Argentina del extractivismo y el despojo*, Buenos Aires, Editorial Katz.

Tiempo Argentino (2012), "El pasivo que dejó Repsol ya es superior al valor que exige por YPF", 24 de mayo de 2012, disponible en: http://tiempo.infonews.com/2012/05/24/argentina-76467-el-pasivo-que-dejo-repsol-ya-es-superior-al-valor-que-exige-por-ypf.ph

Tercer eje:
Fracking e impactos ambientales y sociosanitarios

8 - ¿La estimulación o fractura hidráulica pone en riesgo las fuentes de agua?

Aportes de Eduardo D´Elía y Roberto Ochandio

Hemos dicho que la fractura hidráulica o *fracking* es una metodología muy controvertida que consiste en inyectar agua, productos químicos, ácidos corrosivos y arena a miles de metros de profundidad, con la intención de producir microfracturas en la llamada roca madre o en las arenas compactas y extraer los llamados hidrocarburos de yacimientos no convencionales (*shale gas*, *shale oil*; *tight gas*, entre otros). La experiencia en Estados Unidos muestra que los impactos ambientales del *fracking* son graves; por ejemplo, contaminación de aguas subterráneas y superficiales con gas metano.

Así, en 2010, investigadores de la Universidad de Duke y la Universidad Politécnica de Pomona, California (Estados Unidos), en un estudio publicado en *Proceedings of the Natural Academics Science,* vinculan la contaminación de acuíferos con perforaciones de gas efectuadas en Pennsylvania sobre la formación Marcellus Shale. El estudio determinó que las características de los contaminantes corresponden al agua salobre de formación que de alguna manera migró hasta contaminar los acuíferos superiores (Warner; 2010). Otro artículo de referencia es el elaborado por investigadores de la Universidad de Cornell (Nueva York) sobre los impactos en la salud humana y natural; para los autores, la principal vía de contaminación es el agua, pero no la única. Este artículo denuncia además la falta de estudios rigurosos, señalando que mientras éstos no existan, la fractura hidráulica será "un experimento incontrolado sobre la salud a una escala enorme" (Bamberger y Oswald, 2012). En tanto una investigación de la agencia de noticias AP, advirtió que "cientos de quejas se registraron en EE.UU. por la contaminación de pozos de agua debido a la práctica del 'fracking'. La contaminación fue confirmada en varios estados, pero aún más grave es la ocultación de información por parte de las autoridades" (Actualidad RT, 6/01/2014).

¿Qué sucede en la Argentina? Los voceros del oficialismo, nacional y provincial, y las solicitadas del IAPG, retomaron el discurso que las grandes empresas vienen utilizando a nivel global. Así, afirman que gracias a la profundidad de la capa de *shale gas* y su espesor, no habría problemas de contaminación de acuíferos, tal como sucedió en Estados Unidos. Un discurso contradictorio, pues mientras las empresas petroleras niegan su responsabilidad en los casos de contaminación denunciados en Estados Unidos, prometen que esto no ocurrirá en otros países. Pero además, un discurso falso, pues los casos emblemáticos donde se vincula los riesgos de contaminación del agua y la fractura se dan en la formación Marcellus Shale. Esta formación se localiza en el noreste del país, entre los estados de Pennsylvania, Nueva York, Ohio y West Virginia. Allí es donde la película "*Gasland*" registró el gas saliendo por las canillas de las casas, donde literalmente el agua se prende fuego. Vale decir que la formación esquistos de Marcellus Shale se encuentra entre 7.000 y 10.000 pies (2.100 a 3.000 metros) de profundidad, similar a las presentes en Argentina, como Vaca Muerta.

El mapa 1 muestra la profundidad aproximada a la base de la pizarra/esquito de Marcellus (Mapa 1).

Por otro lado, nada más inexacto que decir que las rocas generadoras de hidrocarburos se encuentran a más de 2.500 metros de profundidad. En la imagen puede observarse la roca generadora de hidrocarburos, llamada formación Vaca Muerta, aflorando en la superficie. Curiosamente esta imagen (Figura 1) pertenece al propio IAPG (2013).

Queda claro que esta imagen demuestra que las formaciones de rocas generadoras no se encuentran solamente a grandes profundidades, sino que hay zonas en las que aflora en superficie. A su vez, es una decisión irresponsable y temeraria el garantizar a las poblaciones que viven sobre estos yacimientos de roca de esquistos que la profundidad de la roca generadora hace imposible la comunicación con las formaciones de agua dulce.

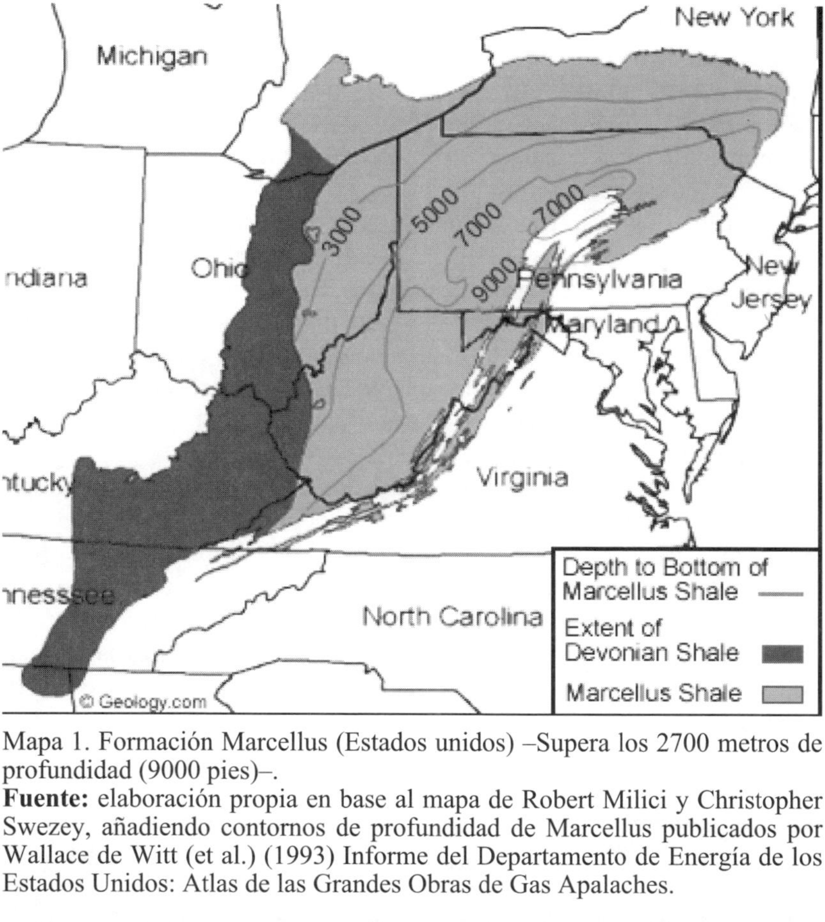

Mapa 1. Formación Marcellus (Estados unidos) –Supera los 2700 metros de profundidad (9000 pies)–.
Fuente: elaboración propia en base al mapa de Robert Milici y Christopher Swezey, añadiendo contornos de profundidad de Marcellus publicados por Wallace de Witt (et al.) (1993) Informe del Departamento de Energía de los Estados Unidos: Atlas de las Grandes Obras de Gas Apalaches.

Figura 1. Aforamiento de la formación Vaca Muerta en la provincia de Neuquén.
Fuente: IAPG Instituto Argentino del Petróleo y del Gas.

Existen importantísimas formaciones de agua dulce a mayor profundidad, como el acuífero Guaraní, que se encuentra entre los 800 y 1.800 metros de profundidad, que contiene el 20 % del agua dulce de Sudamérica (Santa Cruz, sf). Sin embargo se quiere explotar la formación denominada Chaco Paranaense perforando a través de este acuífero y usando el método de fractura hidráulica.

La profundidad, en caso de una fuga de la fractura, sólo condiciona el tiempo en que el impacto llegará a las formaciones de agua dulce o a la propia superficie, ya sean de los fluidos de fractura, de los propios hidrocarburos, o de agua salobre de formación. Esto puede ocurrir no sólo cuando se esté fracturando la roca, sino cuando el pozo esté en plena extracción o incluso cuando éste se haya abandonado. En el último caso pueden pasar varios años y que ocurra después de que los responsables del mismo hayan abandonado el área de extracción.

Pero los escapes de hidrocarburos y fluidos de fractura no sólo pueden ocurrir a través de las fracturas, sino debido a fallas estructurales del pozo: en condiciones ideales, la cañería de entubación queda perfectamente centrada dentro de un pozo exactamente vertical, con lo cual se lograría un anillo de cemento que cubre toda la circunferencia de la cañería en toda la extensión de la misma. Al menos ésta es la imagen que publica la industria para graficar las operaciones de perforación, entubación y cementación.

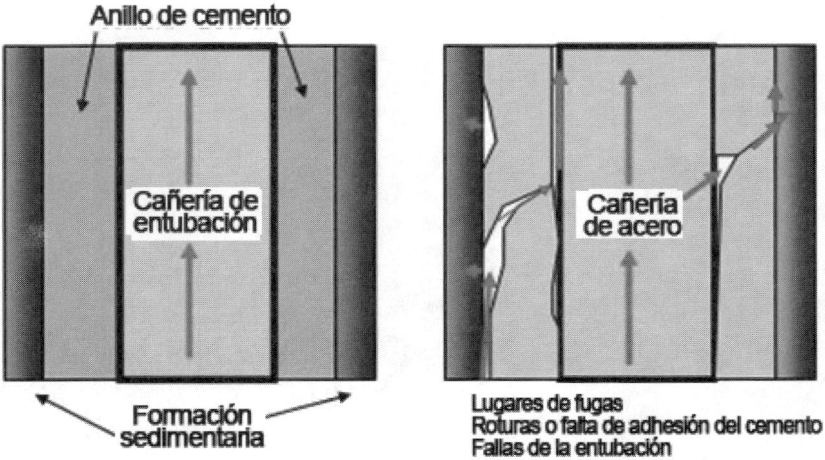

Figura 2.
Fuente: GEK Engineering.

La figura 2 nos muestra a la izquierda un esquema idealizado de la entubación y cementación. La imagen de la derecha muestra los problemas de roturas del cemento debido a vibraciones y temblores, más la posibilidad cierta de falta de adherencia del cemento.

En esta línea, lo que afirma la industria petrolera es sólo una situación imaginaria. La realidad nos dice que, por distintas razones, todos los pozos tienen desviaciones que los apartan de la vertical. Como consecuencia, las cañerías están siempre recostadas sobre uno u otro lado de la pared del pozo, con lo cual el anillo de cemento ideal nunca se realiza. En un pozo desviado u horizontal la cañería estará siempre recostada sobre la pared del pozo impidiendo una perfecta cementación. Es decir que el objetivo de aislar las distintas formaciones para prevenir contaminaciones o fugas de fluidos es raramente alcanzado. De acuerdo a datos estadísticos, el 6% de todos los pozos nuevos y hasta un 60% de pozos viejos sufren de problemas estructurales y pérdidas de aislación como resultado precisamente de estas fallas en la entubación y cementación (Ingraffea, 2013).

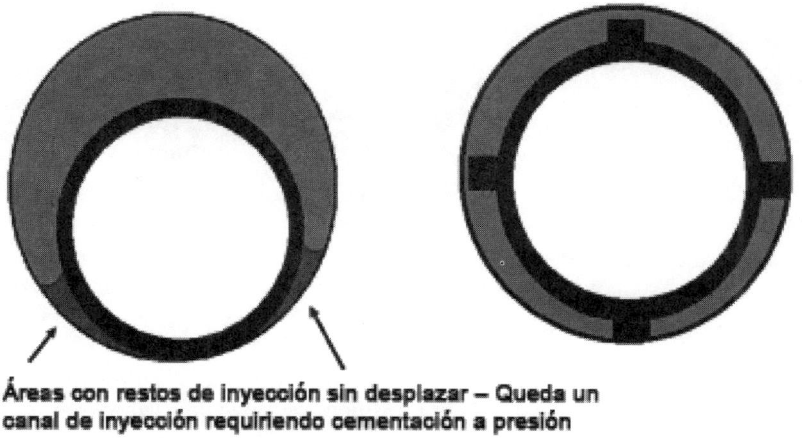

Figura 3.
Fuente: GEK Engineering.

La figura 3 nos muestra la cañería recostada sobre la pared del pozo y el anillo de cementación incompleto. A la derecha el efecto que tendrían los centralizadores de cañería, los cuales en la práctica también se muestran inefectivos para garantizar el centrado de las mismas.

La industria reconoce la magnitud del problema y, para detectar y corregir estas deficiencias, desarrolló herramientas y prácticas especiales, entre las que se encuentran el Perfil de Adhesión de Cemento (CBL) y las cementaciones a presión. Sin embargo estos sólo se usan para remediar problemas puntuales en pozos en producción y no para corregir los problemas más generales que afectan a la gran mayoría de los pozos. La prueba de estas deficiencias estructurales la pueden ofrecer los vecinos de Comodoro Rivadavia, los cuales frecuentemente denuncian filtraciones de petróleo o gas a través del piso de sus casas (Tres Líneas, 07/04/2009; Patagónico, 26/09/2011).

Imágenes de Dimock Pensilvania
Fuente: documental Gas Land (2010), de Josh Fox.

El IAPG en su defensa del fracking, decía:

> "Vale tener en cuenta que en el mundo, durante el último siglo, se perforaron de manera segura millones de pozos que atravesaron acuíferos, sin inconvenientes significativos. En nuestro país se llevan perforados más de 65.000 pozos sin que se haya registrado contaminación de acuíferos" (IAPG, 2013:13)

En nuestro territorio, existen decenas de casos de clausuras de pozos ocurridos en las provincias petroleras y son moneda corriente los desastres ambientales que traen aparejados:

> "Se han clausurado a la empresa Pan American Energy un 45,6% de los pozos que tenía en funcionamiento. A la operadora Oxy

Argentina el 46,18 % y a la empresa YPF-Repsol a la fecha se le han clausurado el 27,29 % en las dos unidades económicas que tiene: Las Heras y Cañadón Seco, aunque con esta última operadora los controles aún no concluyeron." (Opi Santa Cruz, 2012)

"Al igual que en Neuquén, en Santa Cruz se cerraron 42 pozos petroleros por no cumplir con las normas ambientales (...) La evaluación determinó que 42 de ellos debieron ser clausurados y precintados al no presentar la hermeticidad adecuada en sus cañerías, significando un potencial riesgo de contaminación ambiental en especial por desconocerse a qué profundidad están localizadas las roturas." (La Mañana Neuquén, 03/10/2006)

En Santa Cruz, las comunidades de Las Heras, Koloel Kaike, Cañadón Seco, Pico Truncado o Caleta Olivia, tienen acuíferos contaminados con hidrocarburos y se registran altos índices de enfermedades cancerígenas en la población (SIVER/INC-Ministerio de Salud de la Nación, 2013). Hasta el propio gobernador de la provincia, Daniel Peralta, reconoció pasivos ambientales del orden de los 3.500 millones de U$S dejados sólo por Repsol-YPF (La Opinión Austral, 27/08/2012).

Por último, vale la pena agregar que las denuncias acerca del consumo de agua no constituyen el único eje del reclamo ambiental. Este eje, además, no está referido solamente al consumo de agua que puede cuantificarse en litros o metros cúbicos; si se impacta un acuífero, un lago o un río, el agua que perderemos irreversiblemente será mucho más que la usada en los procesos de fractura. Por otro lado, el análisis de la cantidad de agua que se utiliza, debe hacerse también en un contexto determinado, ya que no es lo mismo la cantidad de agua en la región de la Pampa Húmeda que en la precordillera, dónde se encuentran las grandes cuencas hídricas, o en otros territorios más áridos, dónde el agua es un bien escaso.

Fuentes consultadas

Actualidad RT (2014), "El fracking provocó cientos de quejas por agua contaminada en varias partes de EE.UU", 6 de enero de 2014, disponible en: http://actualidad.rt.com/actualidad/view/116310-fracking-quejas-agua-eeuu-contaminacion

Advanced Resources International, Inc (2013), "World Shale Gas Resources: An Initial Assessment of 14 Regions Outside the United States", disponible en: http://www.advres.com/pdf/A_EIA_ARI_2013%20World%20Shale%20Gas%20and%20Shale%20Oil%20Resource%20Assessment.pdf

EPA (2013), "Investigation of Ground Water Contamination near Pavillion, Wyoming", disponible en: *http://www.epa.gov/region8/superfund/wy/pavillion/*

GEK Engineering–Image, disponible en: http://gekengineering.com/Downloads/Free_Downloads/Cementing.pdf

IAPG Ernesto López Anadón [et.al.]. (2013), *El Abecé de los Hidrocarburos en los Reservorios No Convencionales,* Buenos Aires, Instituto Argentino de Petróleo y Gas.

Ingraffea (2013), "Fluid migration mechanisms due to faulty well design and/or construction: an overview and recent experiences in the Pennsylvania Marcellus Play", PSE, enero de 2013, disponible en: http://www.psehealthyenergy.org/data/PSE__Cement_Failure_Causes_and_Rate_Analaysis_Jan_2013_Ingraffea1.pdf)

Jorge Néstor Santa Cruz, S/F, "Proyecto para la Protección Ambiental y el Desarrollo Sostenible del Sistema Acuífero Guaraní", FMAM/Banco Mundial/OEA, disponible en: http://www.cari.org.ar/pdf/proyectosag.pdf

La Mañana Neuquén (2006), "Crece la clausura de yacimientos por contaminación", 3 de octubre de 2006, disponible en: http://w1.lmneuquen.com.ar/06-10-02/n_energia7.asp

La Opinión Austral (2012), "El pasivo ambiental superaría los 3.500 millones de dólares", 27 de agosto de 2012, disponible en: www.laopinionaustral.com.ar/diario.asp?Modo=Noticia&NId=3500&texto=&A=2012&M=8&D=27

Bamberger, M. y Oswald, R. (2012), "Impacts of gas drilling on human and animal health", *New Solutions*, pp. 51-77, Vol. 22(1), disponible en: http://www.psehealthyenergy.org/data/Bamberger_Oswald_NS22_in_press.pdf

Nicot Jean-Philippe and Bridget R. Scanlon (2012), "Water Use for Shale-Gas Production in Texas, U.S." en *Environmental Science and Technology,* Estados Unidos, University of Texas, disponible en: http://www.circleofblue.org/waternews/wpcontent/uploads/2013/04/Nicot+Scanlon_EST_12_Water-Use-Fracking.pdf

Opi Santa Cruz (2007), "Pan American Energy tiene clausurados un 45.6 % de los pozos", 2 de julio de 2007.

Patagónico (2011), "La otra deuda de la industria petrolera: el pasivo ambiental", 26 de septiembre de 2011, disponible en: http://www.elpatagonico.net/nota/105979/

SIVER/INC– Ministerio de Salud de la Nación (2013), en base a registros de mortalidad de la DEIS. Argentina, 2013

Tres Puntos (2009), "Denuncian la existencia de pozos petroleros sin cementar dentro de Comodoro Rivadavia", 7 de abril de 2009, disponible en: http://www.treslineas.com.ar/denuncian-existencia-pozos-petroleros-cementar-dentro-comodoro-rivadavia-n-80313.html

Wikipedia, "Marcellus Shale", disponible en: http://en.wikipedia.org/wiki/Marcellus_shale

Warner, (2010) "Geochemical evidence for possible natural migration of Marcellus Formation brine to shallow aquifers in Pennsylvania", N. R. Warner et al. May 2010, disponible en: http://www.pnas.org/content/early/2012/07/03/1121181109.full.pdf+html?sid=2ea72fee-556f-4250-9369-fc7693a3cd0f

9 - ¿La fractura hidráulica utiliza cientos de químicos contaminantes? ¿Produce efectos sobre la salud de las personas y los animales?

Aportes de Roberto Ochandio

Otro de los argumentos más conocidos y esgrimidos por el Instituto Argentino de Petróleo y Gas (IAPG) y los defensores del *fracking* en general, es que los productos químicos que se utilizan en la fractura hidráulica son inocuos, y que esto está probado por el uso frecuente en productos cotidianos como la pasta dental o aditivos de alimentos (IAPG, 2013).

Como ejemplo ellos citan los siguientes productos y refieren a otros de sus usos comunes:

- Agua y arena de cuarzo forman el 98/99% del total.
- Aditivos químicos forman desde el 0,5 al 2.0% del total, de lo cual la mitad es un gel natural.
- Bactericida-glutaraldehido: también se usa para esterilizar equipos médicos y dentales, en jabón para lavarse las manos y como desinfectante.
- Gel-Goma Guar: se usa en helados, dentífricos y en comidas cocidas, salsas, condimentos para ensaladas, y otras comidas procesadas.
- Reticulantes-sales boratadas: también usado en detergentes, jabón para las manos, y cosméticos.

· Estabilizador de arcillas-choline chloride: también usado como aditivo en alimentos para pollos.
· Rompedor de geles-enzima hemicelulosa: usado en jabón en polvo y la industria de la alimentación.
· Ajustador de acidez-compuestos de sodio, potasio, y cloro: usado en detergente para lavar la ropa.
· Surfactantes-jabón químico: encontrado en jabones y detergentes.

A través de estos argumentos maliciosos se intenta mostrar la inocuidad de los productos utilizados: los repiten desde los técnicos de las compañías petroleras y geólogos profesionales hasta el mismo presidente del IAPG –por ejemplo, en el "Seminario debate sobre recursos hidrocarburíferos no convencionales y medio ambiente" realizado en Neuquén en Junio de 2013–.

¿Pueden existir biocidas o inhibidores de crecimiento bacteriano, como lo llama el IAPG, inocuos para la salud de los seres vivos? Si el porcentaje de productos químicos es de sólo el 0,5%, significa que para una fractura de 30.000 m^3 se requieren 150.000 litros de productos químicos. Difícilmente en nuestros hogares lleguemos a tener acumulado durante la historia de nuestras vidas una cantidad semejante de productos químicos.

Las empresas proveedoras de productos químicos sólo indican a sus clientes el uso específico de los mismos y los resguardos a la salud y el medio ambiente que se debe tener. En la gran mayoría de los casos no se detalla la composición química de los mismos; la falta de información sobre la composición química, obliga a confiar sólo en las recomendaciones del fabricante, pero el agravante es que en ningún caso se indican los efectos sinérgicos. Los efectos sinérgicos son los que pueden causar compuestos químicos en forma conjunta con otros. Estos efectos combinados pueden ser mayores que los que tienen cada compuesto individualmente.

Un ejemplo es el nitrato de amonio combinado con el gasoil. El nitrato de amonio es un fertilizante muy usado por su alto contenido de nitrógeno. No es inflamable y su toxicidad es baja. El gasoil, en tanto, es un combustible derivado del petróleo de menor grado de inflamabilidad que las naftas. Si combinamos ambos formamos el llamado ANFO (por sus siglas en inglés: *Ammonium Nitrate Fuel Oil*), un explosivo de alto orden muy utilizado para las voladuras en las explotaciones mineras. Se obtiene una propiedad muy diferente de la que tienen sus componentes individualmente.

Otro argumento usado comúnmente por la industria petrolera es que sólo se usan 12 productos químicos. En realidad son quizás 12 categorías de productos químicos, cada una de ellas formada por una variedad de productos químicos individuales. Para empezar, no se conoce la lista completa de productos químicos usados en el proceso de fractura hidráulica. Las compañías se amparan en derechos comerciales para esconder algunos de estos productos, por lo tanto, es muy difícil verificar la validez de este argumento.

Entre los argumentos vertidos, las compañías petroleras alegan que ahora cuentan con tecnología mejorada y aditivos químicos que ya no son tóxicos. Más aún, para el caso neuquino, el gobierno anunció que se darían a conocer los componentes químicos. Lo que si podemos hacer es juzgar la validez del argumento analizando los productos químicos que ellos sí publican. La organización estadounidense *FracFocus*, integrada por organismos públicos, mantiene un banco de datos con información provista por las mismas compañías petroleras y diferentes dependencias del gobierno de Estados Unidos (*Fracfocus*, 2011). De acuerdo a esta base de datos, la lista es mucho más completa y nos provee mayor información, aunque no es extensiva, ya que excluye a los productos protegidos por derechos comerciales.

Los productos químicos usados en la fractura hidráulica varían dependiendo de las formaciones hidrocarburíferas a tratar y, en algunos casos, se han encontrado entre 600 y 900 productos químicos diferentes. Un ejemplo muy abreviado de esta lista nos muestra:

Nombre del producto químico	**Numero CAS (*Chemical Abstracts Service*)**	**Propósito químico**	**Función del producto**
2-Butoxietanol	000111-76-2	Estabilizador del producto	Surfactante
Acetaldehido	000075-07-0	Estabilizador del producto y agente de acondicionamiento	Inhibidor de corrosión
Ácido acético	000064-19-7	Previene la precipitación de óxidos de metales	Control de hierro. Agente de ajuste de pH
Ácido bórico	001333-73-9	Mantiene la viscosidad del fluido a medida que aumenta la temperatura	Reticulante
Ácido clorhídrico	007647-01-0	Ayuda a disolver minerales e inicia las fracturas en la roca	Ácido
Ácido fórmico	000064-18-6	Estabilizador del producto y agente de acondicionamiento	Inhibidor de corrosión
Ácido tioglicólico	000068-11-1	Previene la precipitación de oxidos de metales	Control de hierro
Alcohol isopropílico	000067-63-0	Estabilizador del producto y agente de acondicionamiento	Surfactante

Cloruro de colina	000067-48-1	Impide el hinchamiento o movimiento de arcillas	Estabilizador de arcillas
Cloruro de sodio	007647-14-5	Impide el hinchamiento o movimiento de arcillas	Estabilizador de arcillas
Cloruro de tetrametil-amonio	000075-57-0	Impide el hinchamiento o movimiento de arcillas	Estabilizador de arcillas
Complejo de zirconio	113184-20-6	Mantiene la viscosidad del fluido a medida que aumenta la temperatura	Reticulante
Copolímero de acrilamida y acrilato de sodio	025987-30-8	Previene la formación de depósitos en las cañerías	Inhibidor de depósitos
Destilado de petróleo	064741-85-1	Agente de transporte para el agente de reticulación de borato o circonato	Reticulante Reductor de fricción. Agente gelificante
Destilado de petróleo liviano hidrotratado	064742-47-8	Agente de transporte para el agente de reticulación de borato o circonato	Reticulante Reductor de fricción. Agente gelificante
Eritorbato de sodio	006381-77-7	Previene la precipitación de óxidos de metales	Control de hierro
Etanol	000064-17-5	Estabilizador del producto y agente de acondicionamiento	Surfactante
Glutaraldehido	000111-30-8	Elimina bacterias en el agua que producen subproductos corrosivos	Biocida
Glycol etileno	000107-21-1	Estabilizador del producto y agente de acondicionamiento	Reductor de fricción. Agente gelificante Reticulante Anti-emulsionante
Hidróxido de potasio	001310-58-3	Ajusta el pH del fluido para mantener la efectividad de otros componentes, tales como agentes reticulantes	Agente de ajuste de pH
Hidróxido de sodio	001310-73-2	Ajusta el pH del fluido para mantener la efectividad de otros componentes, tales como agentes reticulantes	Agente de ajuste de pH
Isopropanol	000067-63-0	Estabilizador del producto y agente de acondicionamiento	Inhibidor de corrosión Anti-emulsionante
Laurilsulfato	000151-21-3	Previene emulsiones en el fluido de fractura	Anti-emulsionante Surfactante

Metaborato de potasio	013709-94-9	Mantiene la viscosidad del fluido a medida que aumenta la temperatura	Reticulante
Metanol	000067-56-1	Estabilizador del producto y agente de acondicionamiento	Inhibidor de corrosión Reticulante Reductor de fricción Agente gelificante Surfactante
Mezcla de polisacáridos	068130-15-4	Acondiciona el agua para poder suspender la arena	Agente gelificante
Naftaleno	000091-20-3	Agente de transporte para los ingredientes activos de los surfactantes	Surfactante
Oxido de magnesio	001309-48-4	Permite demorar la ruptura del gel	Rompedor de gel
Peróxido de magnesio	014452-57-4	Permite demorar la ruptura del gel	Rompedor de gel
Persulfato de amonio	007727-54-0	Permite demorar la ruptura del gel	Rompedor de gel
Poliacrilamida	009003-05-8	Reduce la fricción del agua	Reductor de fricción
Policarboxilato de sodio	N/A	Previene la formación de depósitos en las cañerías	Inhibidor de depósitos
Sal ácida fosfónica	N/A	Previene la formación de depósitos en las cañerías	Inhibidor de depósitos
Sales boratadas	N/A	Mantiene la viscosidad del fluido a medida que aumenta la temperatura	Reticulante
Tetraborato de sodio	001303-96-4	Mantiene la viscosidad del fluido a medida que aumenta la temperatura	Reticulante
Tetraquis hidroximetil-fosfonio Sulfato	055566-30-8	Elimina bacterias en el agua que producen subproductos corrosivos	Biocida
Zirconato de trietanolamina	101033-44-7	Mantiene la viscosidad del fluido a medida que aumenta la temperatura	Reticulante

Fuente: FracFocus (http://fracfocus.org/chemical-use/what-chemicals-are-used).

Un análisis crítico de estos productos químicos brinda una imagen bastante diferente de los mismos. De acuerdo a un informe realizado por la organización *EarthWorks* (2014), muchos de los productos usados en la fractura hidráulica son tóxicos para los seres humanos y el ambiente, e incluso varios de ellos producen cáncer. Entre las sustancias potencialmente tóxicas se cuentan: destilados de petróleo como kerosene y gasoil (el cual contiene benceno, etilbenceno, tolueno, xileno, naftaleno y otros productos químicos), hidrocarburos aromáticos policíclicos-PAH, metanol, formaldehido, etilene glicol, ethers de glicol, ácido clorhídrico e hidróxido de sodio.

De acuerdo al *Environmental Working Group* (2010) productos basados en petróleo conocidos como destilados de petróleo, destilados livianos hidrotratados, destilados minerales, y mezclas de destilados de petróleo –tales como el kerosene y el gasoil– probablemente contengan benceno. En concentraciones mayores a 0.005 partes por millón el benceno es tóxico en el agua y es un conocido cancerígeno humano.

Estos datos dan cuenta incluso que cantidades muy pequeñas de los productos químicos utilizados para fracturar puedan contaminar millones de litros de agua.

La investigación de organizaciones independientes se ve corroborada por un estudio del Congreso de los Estados Unidos publicado en el año 2011. En este estudio (*Committee on Energy and Commerce*, 2011), de la Comisión de Energía y Comercio del Congreso de los Estados Unidos denominado "Químicos usados en la Fractura Hidráulica"[1], muestra que entre 2005 y 2009, las 14 empresas líderes de fractura hidráulica en los Estados Unidos utilizaron más de 2.500 productos[2] de fractura hidráulica que contienen 750 compuestos. Más de 650 de estos productos contienen sustancias químicas que son conocidos o posibles carcinógenos humanos, regulados bajo la *Safe Drinking Water Act (Ley de Agua*

1 Este informe resume la información que la Comisión de Energía y Comercio del Congreso de los Estados Unidos recolectó a partir de una investigación para examinar la práctica de la fractura hidráulica y su potencial impacto en la calidad de las aguas de dicho país del Norte. Como parte de esa investigación, esta Comisión pidió a las 14 principales empresas de servicios de petróleo y gas que revelen tipos y volúmenes de productos de fractura hidráulica utilizaban en sus fluidos entre 2005 y 2009, y los contenidos químicos de estos productos. Ver informe completo en: http://sharonspringsspa.com/Hydraulic%20Fracturing%20Report%204.18.11.pdf

2 Cada "producto" utilizado en la fractura hidráulica es una mezcla de sustancias químicas u otros componentes diseñado para alcanzar un determinado objetivo de rendimiento, tales como el aumento de la viscosidad. Algunas empresas crean sus propios productos, otras compran estas sustancias a vendedores de químicos.

Potable) de ese país, o figuran como contaminantes peligrosos del aire.[3] El informe también señala que estas empresas utilizaron 780 millones de galones (más de 2.952 millones de litros) de productos de fractura hidráulica –sin incluir agua añadida en el pozo– entre 2005 y 2009 y entre los cuales se inyectaron al menos 11,4 millones de galones (más de 43 millones de litros) de productos que contienen al menos un producto químico de BTEX –benceno, tolueno, xileno y etilbenceno–.[4]

Dicho informe subraya, en muchos casos, que las empresas de servicios de petróleo y gas fueron incapaces de proporcionar a la Comisión la composición química completa de los fluidos de fractura hidráulica que utilizaban. Entre 2005 y 2009, las empresas utilizaron 94 millones de galones (355,79 millones de litros) de 279 productos que contenían al menos un producto químico o componente que los fabricantes consideran confidencial o un secreto comercial. Sin embargo la Comisión pidió que estas empresas dieran a conocer esta información confidencial y, en la mayoría de los casos, las empresas declararon que no tenían acceso a la propiedad de la información acerca de esos productos. En estos casos, las empresas están inyectando líquidos que contienen productos químicos que ellos mismos ni siquiera pueden identificar.

La Enmienda Halliburton y el uso de derivados de hidrocarburos

La Enmienda Halliburton (*Halliburton Loophole*) de 2005 exime a las compañías petroleras de los Estados Unidos de los controles para el agua y el aire limpio, y el transporte y control de ciertos productos químicos. Una excepción a estas reglas es el uso de gasoil o compuestos basados en gasoil (*Energy Policy Act*, 2005). De acuerdo a las normas, el uso de estos compuestos debe ajustarse al programa de Control de Inyecciones Subterráneas (UIC, por sus siglas en inglés). La razón para esta limitación es que el gasoil contiene varios productos tóxicos como el benceno, etílbenceno, tolueno, y xileno, conocidos como BTEX, los cuales están identificados por sus efectos cancerígenos y mutagénicos, además de numerosos impactos en los sistemas neurológicos, inmunológicos y reproductivos.

3 El informe remarca que 29 sustancias químicas utilizadas contienen productos que son conocidos o posibles carcinógenos humanos o están reguladas por la Ley de Agua Potable por sus riesgos para la salud humana, o que aparecen como contaminantes peligrosos del aire bajo la Ley de Aire Limpio.

4 Los compuestos BTEX aparecieron en el Informe en 60 de los productos de fractura hidráulica utilizados entre 2005 y 2009. Cada compuesto BTEX es uno de los contaminantes regulados bajo la Ley de Agua Potable y un contaminante peligroso del aire bajo la Ley de Aire Limpio. El benceno también es un carcinógeno humano conocido.

El programa UIC específicamente requiere que previo a la operación de inyección subterránea se haga una evaluación de los acuíferos subterráneos para determinar el potencial de contaminación de los mismos. Además, antes de comenzar la inyección, debe garantizarse la hermeticidad del pozo de acuerdo a un procedimiento predeterminado. De no cumplirse con estas normas, la inyección de productos, incluyendo gasoil o derivados del petróleo, están expresamente prohibidos. (*Hydraulic Fracturing Under the Safe Drinking Water Act*, EPA, 2014 y *Permitting Guidance for Oil and Gas Hydraulic Fracturing*, EPA, 2014).

Sin embargo, en el año 2011 una investigación del Congreso de los Estados Unidos encontró que las compañías proveedoras de servicios de fractura hidráulica estaban usando grandes cantidades de aditivos basados en gasoil como parte de los fluidos de fractura. Se estima que inyectaron más de 122.000 m^3 en estas condiciones, siendo Baker Hughes, Halliburton, y Weatherford –en ese orden– las que inyectaron los mayores volúmenes. Como resultado de esta investigación, las compañías tuvieron que declarar las infracciones y fueron obligadas a abandonar el uso de estos aditivos (Waxman, 2011).

El Expediente Nº5930-000919-12 de la Subsecretaria de Ambiente y Desarrollo Sostenible de la Provincia de Neuquén trata el Informe Ambiental presentado en septiembre de 2012 por la petrolera Total Austral S.A., para el pozo exploratorio del reservorio no convencional PLY.x-1 (Pampas Las Yeguas). Este expediente nos dice que uno de los aditivos propuestos por Halliburton es BC-200, un agente entrecruzante (*crosslinker*) que entre sus componentes incluye el gasoil (Total S.A., 2012). De acuerdo a su Hoja de Datos de Seguridad este producto (CAS 68476-34-6) es uno de los restringidos en los Estados Unidos. Entre sus riesgos se menciona:

· contiene combustibles, gasoil
· riesgo al respirarlo por su aguda toxicidad
· corrosión/irritación de la piel
· cancerígeno
· toxicidad en órganos específicos bajo exposición repetida: sangre, hígado, y timo
· peligro crónico para la vida acuática

En este caso particular, el Informe Ambiental no indica qué medidas precautorias se deberían efectuar antes de la operación de la fractura hidráulica para salvaguardar la integridad de los acuíferos, así como tampoco informa en detalle los acuíferos que podrían verse afectados por una eventual pérdida de hermeticidad del pozo.

Es más, en página 38 el Informe Ambiental menciona textualmente la falta de información respecto a la hidrología subterránea:

> "4.1.6. Hidrología subterránea. No existen investigaciones hidrogeológicas que permitan caracterizar en la zona las rocas cretácicas y terciarias en cuanto a su comportamiento como almacenes de agua subterránea, ni tampoco en cuanto a la zona de recarga hídrica para potenciales acuíferos. Tampoco se han relevado en la zona de estudio, perforaciones importantes en explotación ni existen datos acerca de las condiciones hidrogeológicas específicas del área" (Informe Ambiental, 2012: 38).

Todo esto indica que las infracciones en este pozo involucran a por lo menos tres actores:

· La compañía operadora del pozo, Total Austral S.A., por haber decidido la fractura hidráulica aún desconociendo la hidrología subterránea. Todavía queda por aclarar si se efectuaron los ensayos de hermeticidad antes de la fractura y el resultado de los mismos.
· Halliburton incluyó al BC-200 como parte de los aditivos para la fractura hidráulica, aún a sabiendas que en Estados Unidos esto está expresamente prohibido. Al no haber información de los acuíferos, de ninguna manera podría pasar los controles impuestos para la inyección subterránea de compuestos de hidrocarburos.
· La Secretaría de Ambiente de Neuquén que aprobó el Informe Ambiental, ignorando la normativa sobre el uso de BC-200 y sabiendo que no existe información de los acuíferos atravesados por el pozo.

El otro aspecto que debe preocupar a la población es el ocultamiento de los productos químicos usados para efectuar la fractura hidráulica en las provincias de Neuquén y Chubut en áreas operadas por las empresas Total S.A. e YPF, respectivamente. Un análisis somero de las Hojas de Seguridad incluidas en distintos Informes Ambientales muestran que:

· En el pozo Pampas Las Yeguas PLY.x-1, Haliburton declaró 11 aditivos, de los cuales 3 incluían productos químicos no identificados.
· Para el pozo El Trébol Xp-914, Baker Hughes declaró 15 aditivos, de los cuales 4 incluían productos químicos no identificados.
· Para el mismo pozo El Trébol Xp-914, Schlumberger declaró 15 aditivos, de los cuales 12 incluían productos químicos no identificados.

Cada uno de estos aditivos puede ser un elemento simple o estar compuesto por decenas o centenas de componentes químicos individuales. El número identificatorio CAS serviría para identificar cada uno de estos componentes individuales. El hecho de identificar un producto químico por su número CAS no es un factor que indique su inocuidad, pero ayuda a rastrear cada uno de sus componentes para determinar el grado de toxicidad. Esta falta de información no fue obstáculo para que se aprobara la fractura hidráulica en dicho pozo.

Finalmente, las operaciones se realizan sin un control independiente que permita verificar el cumplimiento de la fractura en todas sus etapas: planeamiento, pruebas de hermeticidad en el pozo, preparación de fluidos y productos químicos en superficie, fractura hidráulica y operaciones post-fractura. Esta falta de supervisión expone al medio ambiente y a la población a una variedad de riesgos, al mismo tiempo que pone en duda la supuesta inocuidad de estos procesos y la credibilidad de sus actores.

Compuestos Orgánicos Volátiles

Otros productos químicos tales como el 1,2-Dicloroetano son Compuestos Orgánicos Volátiles (VOC, por sus siglas en inglés), que se han encontrado en el fluido de desecho de fractura en concentraciones que exceden los estándares del agua potable. Por ejemplo, muestras de agua de Pennsylvania revelaron concentraciones de 1,2-Dicloroetano de hasta 55.3 micro gramos por litro, lo cual es 10 veces superior al nivel máximo de contaminación estipulado por EPA.

Los VOC no sólo son un peligro para la salud en el agua, la naturaleza volátil de estos constituyentes significa que ellos también pueden contaminar el aire. Investigadores de la Universidad de Pittsburgh afirman que los compuestos orgánicos que vuelven a la superficie con los fluidos de retorno o el agua de formación, a menudo van a parar en piletones abiertos donde los productos químicos orgánicos volátiles se pueden ventear directamente al aire (Dan Volz, et. al, 2010).

Resultados equivalentes también fueron publicados por la Universidad de Colorado, Estados Unidos. En su estudio titulado *"Human health risk assessment of air emissions from development of unconventional natural gas resources"* corroboran que:

> "el desarrollo de pozos de gas natural resulta en emisiones directas y fugitivas al aire libre de una mezcla compleja de contaminantes, tanto del pozo de gas natural como de los motores diesel, los tanques

con fluidos de retorno, y materiales usados durante las operaciones, tales como inyección de perforación y fluidos de fractura. Esta mezcla compleja de productos químicos, junto con contaminantes secundarios tales como ozono, pueden ser transportados por el aire a zonas residenciales o ciudades cercanas.

Existe una variedad de estudios que indican un riesgo creciente de irritaciones en los ojos, dolores de cabeza, síntomas de asma, leucemia infantil aguda, leucemia aguda mielógena, y múltiple mieloma, tanto en trabajadores como en residencias cercanas a destilerías, derrames de petróleo y estaciones de servicio" (McKenzie et.al, 2012:2).

El estudio encontró que muchos de los hidrocarburos analizados se encuentran normalmente en los alrededores de pozos de gas natural, entre ellos los BTEX –Benceno, Tolueno, Etilbenceno y Xileno–. Hay estudios sólidos que confirman la toxicidad de estos elementos. Investigaciones en Colorado llegan a la conclusión que el benceno en el ambiente demuestra un riesgo potencial creciente para el desarrollo de cáncer, tanto como efectos no cancerígenos crónicos y agudos. Los efectos en la salud asociados al benceno incluyen leucemia no-linfocítica aguda y crónica, leucemia mieloidea aguda, leucemia linfocítica crónica, anemia, junto con otros desordenes en la sangre y efectos inmunológicos.

Además, el inventario de emisiones le atribuye la presencia de productos BTEX a la explotación de pozos de gas natural, siendo estos responsables por cantidades de benceno cinco veces superiores que cualquier otra fuente de contaminación, incluyendo vehículos, incendios forestales y quemado de maderas. El mismo inventario de emisiones también indica que los yacimientos de gas natural (tanques de condensado, equipos de perforación, venteo durante la terminación del pozo, emisiones fugitivas de pozos y cañerías y motores compresores) contribuyen diez veces más emisiones de VOC que cualquier otra fuente emisora, excepto fuentes biogénicas (plantas, animales, pantanos y tierra).

Con respecto al retorno de los fluidos de desecho durante la etapa de terminación del pozo, el estudio agrega que:

"es el que más contribuye a la emisión de hidrocarburos en el aire. Respirar estos gases que incluyen trimetilbenceno, xileno, benceno, y alcalenos, pueden afectar negativamente el sistema nervioso, con efectos que van desde mareos, dolores de cabeza, fatiga (aun con exposiciones bajas), hasta insensibilidad en los miembros, falta de coordinación, temblores, parálisis temporaria de los miembros, y perdidas de conocimiento con exposiciones más altas" (Op.cit, 2012).

Mientras tanto, en Inglaterra, la Universidad de Manchester realizó un estudio en anticipación al comienzo de la actividad petrolera en su territorio. El análisis de los fluidos de desecho indica lo siguiente (Broderick et. al, 2011):

a) Entre el 15 y 80% de los fluidos inyectados retornan a la superficie como fluido de desecho.
b) Además de los productos químicos usados para la fractura, el fluido de desecho incluye productos de transformación química que se pueden haber formado debido a reacciones entre los aditivos de fracturación.
c) Substancias movilizadas desde adentro de la formación de esquistos durante la operación de fractura.
d) Materiales radioactivos que ocurren naturalmente (NORM)
e) La naturaleza y concentraciones de las diferentes substancias varían claramente entre formaciones de esquistos, y es difícil predecir cuál será la composición del fluido de desecho.
f) El análisis del fluido de desecho de un pozo exploratorio en el Reino Unido encontró niveles notablemente altos de sodio, cloruros, bromuros, hierro, al igual que altos niveles de plomo, magnesio, y zinc, además de elevados niveles de cromo y arsénico, comparados con el agua corriente usada para inyectar en los esquistos.
g) El fluido de desecho es muy salobre con concentraciones de cloruros cuatro veces superiores que la del agua de mar.
h) El análisis también mostró la presencia de niveles bajos pero todavía significantes de NORMs, siendo el radio-226 el material radioactivo con niveles más altos (entre 14 y 90 Becquerel por litro). Otros isótopos de ocurrencia natural incluyeron potasio-40 y radio-228.
i) El isótopo radioactivo más frecuente es el radio-226, cuya vida media es de 1600 años. Es decir que cualquier resto de material acumulado en las piletas de superficie o tanques de almacenamiento emitirá radiaciones durante largo tiempo.

Por último, se ha señalado la contaminación del aire en zonas cercanas a pozos de *fracking*, como en la ciudad de Dish, en Texas, en la que, tras un estudio, se descubrió una cantidad de benceno (agente cancerígeno) muy superior a lo permitido (Burnett, 2009). La contaminación del aire puede deberse bien a la evaporación proveniente de las piletas donde se almacenan las aguas residuales o por fugas en los pozos de gas y tuberías, que contribuyen a aumentar las emisiones de gases de efecto invernadero.

Recientemente, científicos de la Universidad de Missouri (Estados Unidos), han analizado cientos de compuestos químicos que se añaden al agua para perforar la roca en varios puntos del Condado de Garfield, en Colorado –una región con más de 10.000 perforaciones de gas–, y compararon su composición con muestras obtenidas en localizaciones sin ninguna instalación de *fracking*. Sus conclusiones advierten que al menos 100 de los más de 750 compuestos químicos que se emplean en la fractura hidráulica son conocidos por sus efectos hormonales para el ser humano. Concretamente, los investigadores analizaron 12 de ellos y advierten de su conocida capacidad como disruptores endocrinos. Es decir, en contacto con las hormonas del organismo humano, estas sustancias son capaces de alterar funciones sexuales, reproductivas, causar infertilidad, anomalías genitales, e incluso diabetes y algunos tipos de cáncer. Un estudio publicado en 2012 en *Science of the Total Environment* alertaba de los riesgos derivados de las emisiones al ambiente de partículas contaminantes, como hidrocarburos y bencenos, que "son considerados cancerígenos por la Organización Mundial de la Salud (OMS)" (El Mañana, 2014).

La multitud de estudios preliminares ayudaron a confirmar la primera condena a una compañía petrolera en Texas, en abril de 2014, por contaminar a una familia. Como consigna el diario El País.

> "El pasado 22 de abril un tribunal condenó a la empresa a indemnizar con 2,9 millones de dólares a la familia Parr porque considera que sus dolencias están relacionadas con las operaciones de *fracking* de los pozos de Aruba" (…) El caso es inusual no sólo por el fallo y la cantidad, sino por el mero hecho de haber llegado a un tribunal. Generalmente las demandas por los efectos sobre el medio ambiente y la salud de esta técnica –que se ha extendido por Estados Unidos durante la presidencia de Obama con la promesa de aumentar la independencia energética del país– se han saldado con acuerdos extrajudiciales e indemnizaciones económicas que nunca salen a la luz. La de los Parr llegó a juicio y un jurado popular dio la razón a la familia por cinco votos a favor y uno en contra" (Pereda y Sevillano, 1/5/2014).

Por último, en julio de 2014 la organización "Profesionales Preocupados por la Salud de New York" emitió un importante Informe (2014) que concluyó que los resultados de las investigaciones científicas, médicas, y periodísticas indican que el *fracking* plantea una amenaza importante para el aire, el agua, la salud, la seguridad pública y la vitalidad económica a largo plazo. Inquietos tanto por la evidencia de la rápida expansión de los daños y por las brechas de datos fundamentales que aún permanecen, los Profesionales Preocupados por la Salud de New York (CHPNY) consideran una moratoria de la extracción de petróleo y gas no convencionales (*fracking*), la única línea de conducta apropiada y ética de acción mientras que el conocimiento científico y médico sobre los impactos del *fracking* continúa surgiendo.

Fuentes consultadas

Broderick, John; Anderson, Kevin; Wood, Ruth; Gilbert, Paul y Sharmina, Maria (2011), *Shale gas: an updated assessment of environmental and climate change impacts*, Estados Unidos, Tyndall Centre University of Manchester, disponible en: http://www.324.cat/multimedia/pdf/1/0/1359364607701.pdf

Burnett, John (2009) “Health Issues Follow Natural Gas Drilling In Texas”, NPR, 3 de noviembre de 2009, disponible en: http://shalegasespana.wordpress.com/accidentes-relacionados-con-el-fracking-en-estados-unidos/

United States House of Representatives, Committee on Energy and Commerce (2011), “Chemicals used in hydraulic fracturing”, disponible en: http://sharonspringsspa.com/Hydraulic%20Fracturing%20Report%204.18.11.pdf

Concerned Health Professionals of New York (CHPNY) (2014), “Compendium of scientific, medical, and medio findings demonstrating risks and harms o fraking (unconventional gas and oil extraction)”, disponible en: http://concernedhealthny.org/wp-content/uploads/2014/07/CHPNY-Fracking-Compendium.pdf

Dan Volz, Conrad; Michanowicz, Drew; Christen, Charles; Malone, Samantha y Ferrer, Kyle (2010), “How Organic Compounds Contained in the Shale Layer Can Volatilize Into Air, Become Hazardous Air Pollutants and Cause Ozone Formation”, disponible en: http://www.fractracker.org/2010/08/potential-shale-gas-extraction-air-pollution-impacts/

EarthWorks (2014), “Hydraulic fracturing 101”, disponible en: http://www.earthworksaction.org/issues/detail/hydraulic_fracturing_101#.Uf5bP-Dnvap

Energy Policy Act (2005), “Section 322, Hydraulic Fracturing” (Correcciones al Safe Water Drinking Act), disponible en: https://www.fedcenter.gov/_kd/Items/actions.cfm?action=Show&item_id=2969&destination=ShowItem

EPA (2014a), “Hydraulic Fracturing Under the Safe Drinking Water Act”, february 2014, disponible en: http://water.epa.gov/type/groundwater/uic/class2/hydraulicfracturing/wells_hydroreg.cfm

EPA (2014b), "Permitting Guidance for Oil and Gas Hydraulic Fracturing Activities Using Diesel Fuels: Underground Injection Control Program Guidance #84", Office of Water (4605M), february 2014, disponible en: http://water.epa.gov/type/groundwater/uic/class2/hydraulicfracturing/upload/epa816r14001.pdf

Environmental Working Group (2010), "Drinking Water Threatened By Toxic Natural Gas And Oil Drilling Chemicals, 19 de enero de 2010, disponible en: http://www.ewg.org/news/news-releases/2010/01/19/drinking-water-threatened-toxic-natural-gas-and-oil-drilling-chemicals

El Mañana (María Valerio) (2014), "Los peligros del fracking para la salud", periódico de Nuevo Laredo, disponible en: http://elmanana.com.mx/noticia/18652/Los-peligros-del-fracking-para-la-salud-.html

FracFocus (2011), "Lista de químicos usados en fracturas", disponible en: http://fracfocus.org/chemical-use/what-chemicals-are-used

McKenzie, Lisa; Roxana Z.; Witter, Lee; Newman, John L. Adgate (2012), "Human health risk assessment of air emissions from development of unconventional natural gas resources. Science of the Total Environment", *Colorado School of Public Health*, University of Colorado, Anschutz Medical Campus, Aurora, Colorado, USA, disponible en: (http://cogcc.state.co.us/library/setbackstakeholdergroup/Presentations/Health%20Risk%20Assessment%20of%20Air%20Emissions%20From%20Unconventional%20Natural%20Gas%20-%20HMcKenzie2012.pdf

Pereda, Christina y Sevillano, Elena (2014), "Golpe judicial al fracking", en diario *El País*, 1 de mayo de 2014, disponible en: http://sociedad.elpais.com/sociedad/2014/05/01/actualidad/1398975931_688161.html

Total Austral S.A. (2012) "Informe Ambiental para el pozo exploratorio del reservorio no-convencional PLY.x-1 (Pampas Las Yeguas)", Expediente Nº 5930-000919-12 de la Subsecretaria de Ambiente y Desarrollo Sostenible de la Provincia de Neuquén.

USDHHS, U.S. Department of health and human services (2007): *Toxicological Profile for Benzene*, U.S. Department of Health and Human Services, Agency for Toxic Substances and Disease Registry, Public Health Statement for Benzene, disponible en: http://www.atsdr.cdc.gov/toxprofiles/tp3.pdf

Waxman (2011) "Waxman, Markey, and DeGette Investigation Finds Continued Use of Diesel in Hydraulic Fracturing Fluids", disponible en: http://democrats.energycommerce.house.gov/index.php?q=news/waxman-markey-and-degette-investigation-finds-continued-use-of-diesel-in-hydraulic-fracturing-f

10 - ¿La fractura hidráulica produce terremotos? ¿Cuál es la relación entre fracking y sismicidad?

Aportes de Roberto Ochandio y Eduardo D´Elia

Al analizar esta cuestión, el Instituto Argentino de Petróleo y Gas opina:

> "¿La estimulación hidráulica puede activar fallas geológicas y producir terremotos?
>
> Con sensores adecuados, es posible medir las vibraciones que genera la estimulación hidráulica. Estas vibraciones son unas 100.000 veces menores que los niveles perceptibles por los seres humanos y mucho menores aún que las que podrían producir algún daño. En 2011, por ejemplo, se completaron más de 250.000 etapas de estimulación hidráulica en el mundo sin que se informaran eventos sísmicos significativos.
>
> A la fecha, y pese a los numerosos estudios científicos, no se probó ninguna vinculación entre eventos sísmicos potencialmente peligrosos o dañinos y proyectos de gas o petróleo de esquisto" (IAPG, 2013:17).

Como vemos en el párrafo anterior, el IAPG afirma que no hay relación entre los sismos y los proyectos de gas y petróleo de esquisto.

Esta información proporcionada por el IAPG es engañosa, ya que los estudios existentes no atribuyen los sismos a la estimulación hidráulica directamente, sino a los pozos sumideros del agua salada asociada a los hidrocarburos. Y, como es sabido, la inyección en pozos sumidero es parte de los proyectos de gas y petróleo.

Un pozo sumidero es un pozo donde se inyectan fluidos indeseables o contaminados dentro de formaciones permeables. En un área petrolera, un pozo sumidero es típicamente un pozo perteneciente a un yacimiento agotado. Los fluidos de desecho se inyectan ocupando el espacio poral libre en la roca después de haber extraído todo el petróleo, el gas o el agua de formación original. Donde no hay yacimientos agotados se recurre a la perforación de un pozo "sumidero" que llega hasta formaciones porosas y permeables que posibilitan el aporte de grandes volúmenes de agua. El agua se inyecta en estas formaciones a grandes presiones y volúmenes, pero al no ser una formación que naturalmente contara con esos fluidos, se provocan fenómenos geofísicos que modifican la estabilidad de las rocas profundas.

En la imagen 1 pueden apreciarse las más comunes "fallas geológicas"; éstas no son más que inmensas masas de roca que han sufrido algún tipo de desplazamiento y ahora se encuentran en un estado de equilibrio hasta que algo provoque un nuevo desplazamiento. El inyectar grandes volúmenes de agua y "mojar" las caras de apoyo de estas fallas, produce la disminución de la fricción entre ambas genera un nuevo desplazamiento. Estos desplazamientos se manifiestan en la superficie como temblores, sismos o terremotos.

En áreas donde no existen yacimientos agotados, el pozo sumidero se perfora deliberadamente para aprovechar alguna formación profunda que, por sus características de alta permeabilidad, permita la inyección de fluidos de desecho. En general esta información la manejan las compañías petroleras, por lo tanto no hay manera de verificar que exista la suficiente separación entre las formaciones permeables y los acuíferos superiores. Dependiendo de las características de las formaciones intermedias y de la separación, existe el potencial de contaminación de capas freáticas con fluidos de desecho.

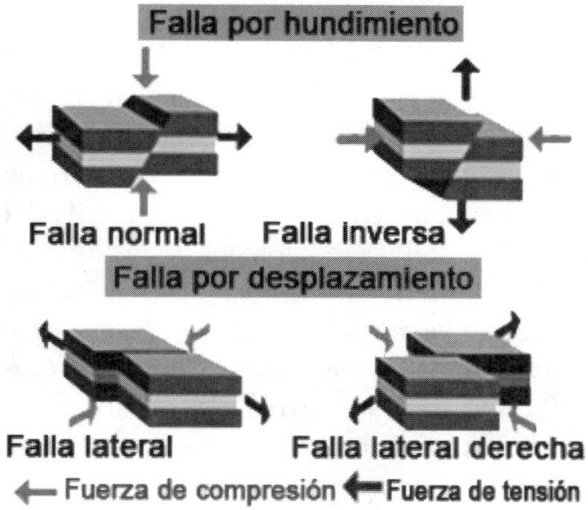

Imagen 1: tipos de fallas
Fuente: ***Japan Aerospace Exploration Agency:*** http://global.jaxa.jp/article/special/antidisaster/yamanaka_e.html

Pero el peligro de contaminación de acuíferos es sólo una parte del problema. El otro aspecto negativo que se está haciendo evidente es la proliferación de temblores –o pequeños terremotos– en áreas donde no se registraban temblores antes del comienzo de la explotación de no convencionales. Se presume que la inyección de fluidos de desecho a grandes presiones puede actuar de dos maneras:

· Lubricando fallas estratigráficas que estaban selladas a través de edades geológicas.
· Levantando las formaciones debido al gran volumen de agua a alta presión.

En cualquiera de estos dos casos la inyección de fluidos puede ser responsable por los temblores asociados.

Dada la novedad de esta práctica en la Argentina, no existe suficiente experiencia documentada como para brindar ejemplos domésticos de la posibilidad de terremotos. Sin embargo, en los Estados Unidos la ocurrencia de terremotos en áreas donde se usan pozos sumideros está bien documentada, y puede servir como ejemplo del peligro potencial al que estamos expuestos en la Argentina.

Arkansas es una región geológicamente estable de Estados Unidos. Desde que comenzaron las operaciones de fractura hidráulica se registraron más de 1.200 temblores, todos de menos de 4.9 grados de intensidad. Cuando pararon las fracturas la cantidad de temblores se redujo inmediatamente en 2/3. De acuerdo al Servicio de Geología de Arkansas, las operaciones de fractura se llevaban a cabo sobre una falla geológica estructural (*The Stuart Smith Blog*, 2011). Como consecuencia se presentó un juicio "de clase" (un juicio presentado por un grupo de gente, no individual) contra las compañías que perforan por gas en el centro de Arkansas. En este litigio se nombran daños a la propiedad, pérdida del valor de mercado de las propiedades, daños emocionales, y costos relacionados con la compra de seguro contra terremotos. Arkansas introdujo una prohibición contra cuatro pozos inyectores de fluidos de desecho (de un total de 500) a raíz de los terremotos de magnitud 4.7/9 producidos por estas operaciones (*List of Bans Worldwide*, 2014).

Por su parte, Raúl Estrada Oyuela, miembro de la Academia Argentina de Ciencias del Ambiente, escribió que:

> "el Departamento del Interior de los Estados Unidos señala que, desde que comenzaron los registros en 1776, el pueblo de Youngstown, Ohio, nunca había experimentado movimientos sísmicos pero que, a partir de enero de 2011, se registraron 109 temblores y que nuevas investigaciones revelan que pueden ser consecuencia de la explotación de hidrocarburos no convencionales" (Clarín, 18/9/2013).

En un estudio realizado por la Universidad de Columbia (Won-Young Kim, 2013) se encontró que todos los temblores estuvieron asociados al comienzo y finalización de la inyección en este pozo sumidero. Aún los ceses temporarios de temblores correspondían a ceses en la actividad del pozo inyector. El primer temblor ocurrió 13 días después del comienzo del bombeo inyector. Los temblores cesaron en cuanto el Departamento de Recursos Naturales de Ohio cerró ese pozo.

Lo mismo está ocurriendo en el Norte de Texas, en la zona de explotación del Barnett Shale. Esta área geológicamente estable está siendo sacudida ahora por terremotos. Desde el 2008 se produjeron más de 50 temblores asociados a pozos sumidero en el área de Dallas-Fort Worth. Anteriormente no se había registrado ningún temblor. El temblor más reciente, de magnitud 3.0, se registró el 22 de enero de 2013 afuera del aeropuerto D-FW. Mientras tanto, en Azle, también en Texas, se registraron temblores durante 48 días consecutivos entre noviembre y diciembre de 2013, el más fuerte de grado 3.3 (Dallas News, 2014). Estos temblores no son tan grandes como para derribar una casa pero son lo suficientemente fuertes como para rajar paredes y cimientos. En esta zona del Barnett Shale también existen pozos sumidero donde se bombean los fluidos de desecho que resultan de la fractura hidráulica. En el Sur de Texas en octubre del 2011 se produjo un terremoto de magnitud 4.8 cerca de Eagle Ford Shale, la cual alberga más de 550 pozos gasíferos (*Energy and Environment Reporting for Texas*, 2014).

Desmintiendo la confianza en este método expresada por los voceros de YPF y el IAPG, la experiencia actual de Estados Unidos nos indica la peligrosidad de esta práctica y sus posibles consecuencias. En suma, la relación entre sismicidad y *fracking* no es ninguna fabulación ecologista y tampoco producto del error informativo de los centros científicos estadounidenses. Sucede que los defensores del *fracking* buscan sistemáticamente no sólo minimizar los riesgos ambientales, ignorando la información científica existente, sino también pretenden aplicar el principio ambiental precautorio al revés de lo que establece la legislación, ya que es quien introduce una actividad o sustancia en la sociedad quien debe probar la inocuidad de la misma sobre los ecosistemas y la salud de las personas. De no poder hacerlo, se dispara este principio ambiental que obliga a las autoridades a no permitir la actividad hasta que esta incertidumbre esté resuelta.

Fuentes consultadas

Dallas news Bussines (2014), "North Texas tremors raise questions around oil, gas drilling", 9 de enero de 2014, disponible en: http://www.dallasnews.com/business/energy/20140109-north-texas-tremors-raise-questions-around-oil-gas-drilling.ece

Energy and Environment Reporting for Texas (2014) "How Oil and Gas Disposal Wells Can Cause Earthquakes" – Energy and Environment Reporting for Texas, disponible en http://stateimpact.npr.org/texas/tag/earthquake/

Estrada Oyuela, Raúl (2013), "Fracking: ni tanta riqueza ni tan sencillo", diario *Clarín*, 18 de septiembre de 2013, disponible en: http://www.clarin.com/opinion/Fracking-riqueza-sencillo_0_995300513.html

Keep tap water safe (2014), "List of Bans Worldwide", actualizado en mayo de 2014, disponible en http://keeptapwatersafe.org/global-bans-on-fracking/

The Stuart Smith Blog (2014), "Earthquake outbreak, Arkansas bans Fracking operations inside Thousand-Square-Mile area", disponible en: http://www.stuarthsmith.com/earthquake-outbreak-arkansas-bans-fracking-operations-inside-thousand-square-mile-area/

Science 2.0 (2013), "Fracking Linked To 109 Earthquakes In Youngstown", Ohio, disponible en: http://www.science20.com/news_articles/fracking_linked_109_earthquakes_youngstown_ohio-118698

Won-Young Kim (2013), "Induced seismicity associated with fluid injection into a deep well in Youngstown, Ohio", Journal of *Geophysical Research: Solid Earth*, Volume 118, Issue 7, pages 3506–3518, July 2013.

11 - ¿Qué sucede con las emisiones de metano? ¿La emisión es mayor o menor que la de otras actividades? ¿Cómo repercute esto sobre el cambio climático?

Aportes de Pablo Bertinat y Roberto Ochandio

En un sentido general, la expresión cambio climático se usa para señalar la variación respecto al historial climático a una escala regional o global. Estos cambios se producen a muy diversa escala de tiempo y sobre todos los parámetros climáticos: la temperatura, las lluvias, la nubosidad, entre otros. El cambio de clima ha sido una realidad a lo largo de toda la historia planetaria (Bertinat y Pedace, 2007). Sin embargo, a pesar de que el clima planetario ha ido cambiando, los cambios en los que estamos inmersos en la actualidad presentan ciertas características diferentes a los anteriores. De acuerdo al cuarto informe del Panel Intergubernamental de Cambio Climático, el calentamiento global es inequívoco y principalmente se debe a causas antropogénicas, o sea, es producido por la actividad del hombre (Grupo Intergubernamental de Expertos en Cambio Climático, 2008).

Si bien no es objeto del presente trabajo el análisis del proceso de calentamiento global y cambio climático en el que estamos inmersos a nivel planetario, sí haremos referencia a la relación entre este proceso y la producción y uso de combustibles fósiles.

Entre las causas principales de este proceso se indican las emisiones de los llamados gases de efecto invernadero producidas por la actividad humana. De acuerdo al citado informe, las emisiones de estos gases han aumentado en un 70% desde la era preindustrial. De éstos, aproximadamente un 57% se debe al consumo de combustibles fósiles y un 14% a las emisiones de metano (Ibid, 2008).

Entre los gases de efecto invernadero, los principales son el dióxido de carbono (CO_2), metano (CH_4), óxido nitroso (N_2O) y los halocarbonos (gases que contienen flúor, cloro y bromo). No todos estos gases tienen el mismo poder de calentamiento, es así que el más abundante es el dióxido de carbono, al que le siguen los restantes. Pero es de hacer notar que una molécula de metano tiene 21 veces más de efecto de calentamiento que una de dióxido de carbono.

La lucha contra el proceso de calentamiento global enfrenta como principal desafío el de reducir las emisiones de estos gases de efecto invernadero. Como vimos, esto implicaría reducir la utilización de combustibles fósiles, que es la fuente principal de emisiones.

No todos los combustibles fósiles emiten la misma cantidad de gases de efecto invernadero. Es claro que el carbón es el que más emite por unidad de combustible quemado, al cual le sigue el petróleo y luego el gas. Es por esto que muchos abogan por la disminución de la utilización de carbón y petróleo y suplantarlos por gas, en razón de que éste emite menos gases de efecto invernadero que aquellos. En aquellos países en los cuales se consume carbón fuertemente, esto aparece como una medida de transición que permitiría reducir las emisiones.

No es así en Argentina, país en el cual no consumimos carbón,[1] la matriz ha avanzado ya fuertemente en su gasificación y la mayor producción de gas no suplanta otras fuentes de mayores emisiones. Esto implica que a mayor utilización de gas, mayor cantidad de emisiones de gases de efecto invernadero, ya que aquí no se está reemplazando ningún combustible que emita más.

El impacto que tiene la utilización de gas en función de las emisiones que producen se debe a:

- Emisiones directas de CO_2 por parte del consumidor final, o sea al quemar el combustible
- Emisiones indirectas de CO_2 y otros gases de efecto invernadero debido a los combustibles fósiles usados para extraer, desarrollar, y transportar el gas. Esto habitualmente se asocia al análisis de ciclo de vida.
- Emisiones fugitivas y venteo de metano.

1 En la actualidad el consumo de carbón en centrales eléctricas es sumamente bajo. Sin embargo este tiende a aumentar debido a la construcción de una central en Río Turbio alimentada con dicho combustible. Este proyecto ha cosechado innumerables rechazos por sus impactos.

La primera de ellas (emisiones directas de CO_2) no varía, sea que hagamos referencia al gas extraído por métodos convencionales o no convencionales. Sin embargo, las otras dos causas de emisiones (indirectas y fugitivas o producidas por venteo) son diferentes para ambos casos.

En el primero de ellos se asocia a que claramente los gastos de energía para extraer una unidad de gas no convencional son superiores a las necesarias para extraer gas convencional.

Las emisiones fugitivas, venteos y pérdidas podemos analizarlas de la siguiente manera:

Emisiones fugitivas de metano durante la terminación del pozo

El gas no convencional se extrae mediante la fractura hidráulica usando grandes volúmenes de líquidos. Estos grandes volúmenes se inyectan a presión en la roca de esquistos (o arenas compactas) para fracturarla una y otra vez. Una cantidad significante del agua usada retorna a la superficie como fluido de retorno dentro de los primeros días, o semanas, después de la fractura y está acompañada por grandes cantidades de metano (EPA, 2010). La cantidad de metano es mucho más de lo que puede ser disuelto en el fluido de retorno, el cual refleja una mezcla de líquidos de fractura y gas metano. Entre el 0,6 y el 3,2 % de la producción total de un pozo no convencional se emite como metano durante este período junto con los fluidos de retorno (Howarth, R.; Santoro R.; Ingraffea, A., 2011).

Emisiones	**Gas convencional**	**Gas no-convencional**
Emisiones durante la terminación del pozo	0.01%	1.90%
Venteos rutinarios y perdidas de gas en el pozo	0.3 a 1.9%	0.3 a 1.9%
Emisiones durante descarga de fluido	0 a 0.26%	0 a 0.26%
Emisiones durante el procesamiento del gas	0 a 0.19%	0 a 0.19%
Emisiones durante el transporte, almacenamiento y distribución	1.4 a 3.6%	1.4 a 3.6%
Emisiones totales	**1.7 a 6.0%**	**3.6 a 7.9%**

Tabla 1. Pérdidas de gas a través del sistema. En la construcción de esta tabla se usaron valores conservativos dad que algunos datos no están bien documentados (Howath et al, 2011).

La Tabla 1 nos muestra que durante la vida productiva de un pozo no convencional se escapa a la atmósfera entre un 3,6% y un 7,9% del metano producido y además compara estas emisiones para los casos de explotaciones convencionales y no convencionales.

Se emite más metano durante la perforación de los tapones que separan cada fractura individual. Esto se hace a efectos de poner en producción las zonas fracturadas. El EPA (2007) estimó que las emisiones en esta etapa varían entre 142 Mm^3 y 425 Mm^3 por pozo. Usando un valor promedio y una vida promedio para formaciones no convencionales, se estima que un 0,33% de la producción total de un pozo se emite como metano durante esta etapa de perforación de tapones.

Combinando las pérdidas durante el retorno (1,6%), más las pérdidas durante perforación de tapones (0,33%) determinamos que un total de 1,9% de la producción total de un pozo no convencional se emite como metano durante la terminación del pozo. En cambio, en un pozo convencional no hay etapa de retorno de fluidos y tampoco perforación de tapones, por lo tanto las pérdidas de gas son menores. De acuerdo a EPA (2010), en un pozo convencional se pierde alrededor de 1,04 Mm^3 de metano. Teniendo en cuenta la cantidad de tales pozos perforados y su producción promedio, se calcula que el promedio de pérdidas de metano producidas durante la vida de un pozo convencional es alrededor de un 0,01% del total de su producción. Es decir, tres órdenes de magnitud menores que para gas no convencional.

Venteo rutinario y pérdidas de los equipos

Una vez que el pozo se completó y se puso en producción, algunas emisiones fugitivas continúan durante su vida productiva. Un pozo típico tiene entre 55 y 150 conexiones para equipos tales como calentadores, medidores, deshidratadores, compresores, y aparatos para recuperación de vapor. Muchos de ellos tienen pérdidas potenciales y en algunos casos, se instalan válvulas aliviadoras de presión que intencionalmente ventean el gas. La mayor parte de las pérdidas proviene de bombas neumáticas y de deshidratadores (General Accounting Office, 2010).

Cuando finalmente el pozo entra en producción, las mismas tecnologías se aplican tanto para el gas convencional como el no convencional, por lo que se asume que las pérdidas serán las mismas en ambos casos. La conclusión de General Accounting Office de Estados Unidos (2010) es que durante la vida de un pozo se pierde entre un 0,3 y un 1,9% del gas debido a venteo y pérdidas.

Pérdidas durante el procesamiento

Algunos gases naturales son de una calidad suficiente como para ser bombeados dentro del gasoducto directamente. Otros gases contienen cantidades de hidrocarburos pesados, o impurezas tales como gases sulfúricos, que requieren un proceso de remoción y limpiado antes de mandarlo al gasoducto. Es de notar que la calidad del gas varía incluso dentro de la misma formación (New York Department of Environmental Conservation, 2009). Algo de metano también se pierde durante este proceso de limpiado. De acuerdo al EPA, durante este proceso se pierde hasta un 0,19% de la producción total del pozo. Por lo tanto se puede asumir que estas pérdidas varían entre 0 y 0,19% de la producción del pozo.

Pérdidas durante el transporte, almacenamiento, y distribución

Más pérdidas ocurren durante el transporte, almacenamiento y distribución del gas natural. Dos estudios separados nos dan valores de pérdidas equivalentes (EPA, 2007 y 2010; Harrison, 1996). Una estimación conservadora varía entre 1,4% y 3,6% de la producción total.

Contribución de las emisiones de gas metano al efecto invernadero

Si sumamos todas las pérdidas descriptas más arriba, podemos calcular que entre un 3,6% y un 7,9% del gas se pierde en forma de metano en la atmósfera en las explotaciones no convencionales. Esto es por lo menos 30% más que las pérdidas de gas convencional, estimado entre 1,7% y 6,0%.

El metano produce un efecto invernadero mucho más potente que el CO_2, pero también tiene una residencia en la atmósfera 10 veces menor que el CO_2. Es decir que su efecto en el calentamiento global se atenúa más rápidamente. Por lo tanto, para comparar el PCG del metano y el CO_2 se requiere un período específico de 20 y 100 años.

- Considerando un período de 20 años, el efecto invernadero del gas no convencional es entre 1,4 y 3 veces mayor que las emisiones directas de CO_2.
- También considerando 20 años, el efecto invernadero del gas no convencional es entre 22% y 43% mayor que para el gas convencional.
- A lo largo de 100 años el efecto del gas no convencional es mucho menor pero todavía es entre un 14% y 19% mayor que el gas convencional.

Gas no convencional comparado con otros combustibles fósiles

De acuerdo a un estudio publicado por Cornell University (Howarth, 2011) en el cual se compara la huella de carbono del gas no convencional con la de otros combustibles fósiles se puede observar que:

- Cuando se considera un período de 20 años, el impacto en términos de efecto invernadero del gas no convencional es desde un 20% a un 40% mayor que la del carbón, cuando se lo expresa por cantidad de energía disponible durante la combustión.
- Comparado con el petróleo, la huella del gas no convencional es por lo menos un 50% mayor que el petróleo, y quizás hasta dos veces y media mayor cuando se considera un período de 20 años.
- En un período de 100 años la huella del gas no convencional es similar o hasta un 35% mayor que la del petróleo (Howarth, 2011).

Así, el impacto en las emisiones de gases de efecto invernadero del gas no convencional es significativamente mayor que la del gas convencional, debido a las emisiones de metano durante la recuperación de fluidos de retorno y la perforación de tapones durante la terminación del pozo. Las emisiones rutinarias de metano durante producción y distribución también son grandes, pero son equivalentes a la del gas convencional. La gran huella del gas no convencional sobre el efecto invernadero socava, de alguna manera, la lógica de su uso como combustible de transición para las próximas décadas, si es que el objetivo es reducir el calentamiento global.

En suma, contrariamente a lo que se dice desde el gobierno y la industria del petróleo, el gas natural no es una buena transición hacia un futuro de energías renovables. No se puede salir de una matriz basada en los combustibles fósiles, aumentando aún más la producción de combustibles fósiles; en este caso, a través de la extracción de gas no convencional. Para una transición hacia las energías renovables hay que desarrollar energías renovables.

Fuentes consultadas

Bertinat, P. y Pedace, R. (2007), *Hoy es Mañana. Aspectos esenciales sobre el Cambio Climático*, Rosario, Inercia Comunicaciones.

Grupo Intergubernamental de Expertos en Cambio Climático (2008), Cambio climático 2007, Informe de síntesis, Ginebra.

Bradbury, J.; Obeiter, M.; Draucker, L.; Wang, W. y Stevens, A. (2013), "Clearing the Air: Reducing Upstream Greenhouse Gas Emissions from U.S. Natural Gas Systems.", *World Resources Institute, Working Paper*, Washington, DC, World Resources Institute, disponible en: http://www.wri.org/publication/clearing-the-air

Chamberlin S. (2008), "Dark Optimism. The climate science translation guide", disponible en: http://www.darkoptimism.org/2008/09/03/the-climate-science-translation-guide/

EPA (2007), "Reducing methane emissions during completion operations. Natural Gas STAR Producer's Technology Transfer", *Workshop*, 11 de septiembre de 2007, disponible en: http://epa.gov/gasstar/documents/workshops/glenwood-2007/04_recs.pdf

--- (2010), "Greenhouse gas emissions reporting from the petroleum and natural gas industry", Background technical support document, disponible en: http://www.epa.gov/ghgreporting/documents/pdf/2010/Subpart-W_TSD.pdf

GAO (2010), "Federal oil and gas leases: opportunities exist to capture vented and flared natural gas, which would increase royalty payments and reduce greenhouse gases", General Accountability Office Washington DC, disponible en: http://www.gao.gov/new.items/d1134.pdf

Harrison, MR.; Shires, TM.; Wessels, JK.; Cowgill, RM. (1996), "Estimate of methane emissions from the U.S natural gas industry" Executive summary, vol 1. EPA-600/R-96-080a, U.S. Environmental Protection Agency, Office of Research and Development, Washington, DC, disponible en: http://www.epa.gov/ttnchie1/ap42/ch14/related/methane.pdf

Howarth, RW.; Santoro, R.; Ingraffea, A. (2011), "Methane and the greenhouse-gas footprint of natural gas from shale formations", disponible en: http://link.springer.com/article/10.1007/s10584-011-0061-5#page-1

Hughes, J. (2011), "Will Natural Gas Fuel America in the 21st Century?", disponible en: http://www.scribd.com/doc/55274994/Will-Natural-Gas-Fuel-America-in-the-21st-Century

New York Department of Environmental Conservation (2009), "Draft supplemental generic environ- mental impact statement on the oil, gas and solution mining regulatory program", disponible en: http://www.dec.ny.gov/energy/58440.html

U.S. Environmental Protection Agency (2010), "Greenhouse gas emissions reporting from the petroleum and natural gas industry", *Background technical support document*, disponible en: http://www.epa.gov/ghgreporting/documents/pdf/2010/Subpart-W_TSD.pdf

Wood, R.; Gilbert, P.; Sharmina, M.; Anderson, K.; Fottitt, A.; Glynn, S.; Nicholls, F. (2011), *Shale gas: a provisional assessment of climate change and environmental impacts*, Manchester, England, Tyndall Center, University of Manchester, , disponible en: http://www.tyndall.ac.uk/sites/default/files/tyndall-coop_shale_gas_report_final.pdf

Cuarto eje:
Desarrollo. Economías regionales. Territorio

12 - ¿Desarrollo o maldesarrollo? ¿Qué tipo de sociedades locales se van generando al compás de la expansión de la actividad hidrocarburífera a gran escala?

Aportes de Maristella Svampa y Observatorio Petrolero Sur

A fines de los años '60 y principios de los '70, diversos planteamientos coincidieron en poner sobre la mesa el debate sobre la naturaleza misma de los procesos y programas de desarrollo, y su capacidad para dar satisfacción a imperativos relacionados con el bienestar humano. Resultaba difícil asumir que el grado de desarrollo hubiera aumentado, cuando la pobreza, el desempleo y el subempleo, o la desigualdad, no habían disminuido, pese a los resultados obtenidos en términos de incremento del PIB/hab. Así, un primer campo de críticas fue el relativo a la pobreza y la desigualdad, dentro de lo que algunos denominaron el giro social de los años '70 (Unceta, 2009). Un segundo campo de anomalías, en ese momento todavía incipiente, se refería al progresivo deterioro del ambiente y el agotamiento de los recursos naturales no renovables. Un tercer campo tenía que ver con la falta de equidad de género. Por último, un cuarto campo estaba vinculado a la no correspondencia entre el crecimiento económico y el respeto de la libertad y los derechos humanos. En ese marco es que nace la noción de *maldesarrollo*, un concepto multidimensional que venía a explicar el fracaso global y sistemático de los programas de desarrollo, tanto en los países llamados "subdesarrollados" como en los "desarrollados", al interior del sistema mundial.

El concepto de maldesarrollo ha sido utilizado por diversos autores, entre ellos, René Dumond y M.F. Mottin (1981), Vandana Shiva (1995) y, más recientemente por Unceta (2009) y J.M. Tortosa (2011). Para los primeros, éste hacía referencia explícita al maldesarrollo en América Latina y estaba relacionado con una paradoja: la de un subcontinente que presenta un crecimiento considerable en términos de fuerzas productivas y de las riquezas producidas; una industria importante, ciudades gigantescas, con más contaminación y embotellamiento que los países desarrollados; en fin, un despilfarro de los recursos naturales y de la fuerza de trabajo. Así, la desigualdad, el despilfarro, el saqueo, entre otros, habrían configurado lo que los autores llamaron maldesarrollo, sin querer por ello oponer al mismo con un supuesto "desarrollo" o "buen desarrollo", encarnado por Europa y Estados Unidos. El maldesarrollo refiere, así, a problemas "que afectan al sistema en su conjunto y que representan una merma en la satisfacción de las necesidades humanas y/o en las oportunidades de la gente" (Unceta, 2009).

Por su parte, y en la misma línea, la ensayista y ecofeminista india Vandana Shiva retomaría el concepto de maldesarrollo para leerlo desde la lógica Norte/Sur. El desarrollo, que debió haber sido un proyecto poscolonial, de la mano del progreso y el bienestar material para todos, en realidad supuso una occidentalización de las categorías económicas. Para ser viable, su puesta en marcha requería que las potencias ocuparan las colonias y destruyeran la economía natural local. El desarrollo, la generación de excedentes comerciales, se convirtieron así en fuente de pobreza para las colonias, y condujo incluso a la creación de colonias internas. De modo que "el desarrollo se redujo a ser la continuación del proceso de colonización, un modelo basado en la explotación o exclusión de la mujer (occidental y no occidental), en la explotación y degradación de la naturaleza, y en la explotación y destrucción gradual de otras culturas". El crecimiento económico sustrajo recursos de quienes más los necesitaban, sólo que en vez de potencias coloniales, los explotadores eran "las nuevas élites nacionales". Como proyecto culturalmente tendencioso, el desarrollo "destruye los estilos de vida sanos y sostenibles y crea verdadera pobreza material, o miseria, al desatender las necesidades de subsistencia mismas por desviar recursos hacia la producción de mercancías". Así, la pobreza que genera el desarrollo ya no es cultural y relativa: "Es absoluta y amenaza la supervivencia misma de millones de seres de este planeta". "El mal desarrollo es la violación de la integridad de sistemas orgánicos interconectados e interdependientes, que pone en movimiento un proceso de explotación, desigualdad, injusticia y violencia". La autora también suma una clave ecofeminista: "El mal desarrollo es mal desarrollo en pensamiento y acción. En la práctica, esta perspectiva fragmentada, reduccionista y dualista viola la integridad y armonía del hombre con la naturaleza, y la armonía entre el hombre y la mujer." (Shiva, 1995:19-75)

Por último, de modo más reciente, los españoles Koldo Unceta y J.M. Tortosa han retomado el concepto de maldesarrollo para referirse a problemas "que afectan al sistema en su conjunto y que representan una merma en la satisfacción de las necesidades humanas y/o en las oportunidades de la gente" (Unceta, 2009). Para Tortosa, el maldesarrollo "afecta a todas las necesidades básicas y, recientemente, está afectando de modo especial el ecosistema". En un contexto de grandes desigualdades, repercute sobre "los que pierden, condenados al malvivir, a la insatisfacción sistémica, constante y severa de sus necesidades básicas entre las cuales no sólo está la supervivencia y el bienestar, sino también la seguridad (frente a la violencia de todo tipo y, por tanto, también seguridad alimentaria y seguridad social)" (Tortosa, 2011:31)

Ciertamente, la actual producción del espacio y las lógicas de control territorial dominantes poco tienen que ver con un enfoque del desarrollo territorial que contemple tanto la satisfacción de las necesidades sociales y económicas de la población y sus condiciones de reproducción, como la sustentabilidad ambiental de los territorios. En razón de ello, creemos importante retomar el concepto de maldesarrollo porque éste aporta un doble componente, referido a lo empírico –un diagnóstico observable– y a lo crítico –lo indeseable– (Svampa y Viale, 2014). En el marco de la globalización asimétrica, en el cual cobra centralidad la dinámica de desposesión o despojo, el concepto de maldesarrollo vuelve a tener actualidad, para abordar tanto el fracaso del programa de desarrollo (como ideal, como promesa), como las diferentes dimensiones del "malvivir" (Tortosa, 2011: 41), que puede observarse en nuestras sociedades, producto del avance de las fronteras de explotación del capital.

¿Qué tipo de sociedades locales se van generando al compás de la expansión de la actividad hidrocarburífera a gran escala?

En función de lo dicho, una pregunta fundamental que deberíamos hacernos es qué tipo de configuraciones urbanas, sociales, laborales, culturales, se van gestando al compás de la expansión de las actividades extractivas a gran escala, como el petróleo y la minería. Tal como lo muestra la historia argentina y latinoamericana, la avanzada extractiva produce una fuerte estructura de desigualdades así como la dislocación del tejido económico y social previo. Esto incluye, además de la dimensión ambiental, otras vinculadas al estilo y calidad de vida, a las relaciones laborales y de género, ya que allí donde irrumpen las actividades extractivas a gran escala, se intensifican y exacerban diferentes problemáticas sociales, presentes en la sociedad. Así, el "derrame" económico beneficia a unos pocos, los alquileres y el costo de la vida se disparan al ritmo de los sueldos de los trabajadores petroleros o mineros; las localidades se convierten en pueblos-campamentos o en "ciudades-commodity" (García, 2011), se exacerban los problemas ligados a la prostitución, a la trata, a la inseguridad, a la adicción.

Como sostienen Alicia Miller, Rubén Larrondo y Damián Coppone:

> "La industria petrolera ha cambiado el paisaje humano de varias áreas del país. Ha hecho nacer ciudades en desiertos, y las pobló de personas con sueldos altos. Pueblos con más hombres que mujeres. Lugares de tránsito. Tienen en común la profusión de casinos, bares y cabaret y la escasez de propuestas artísticas, académicas o deportivas. Esto determina, en cierto modo, los modos de vivir. Y evidencia que el bienestar económico no es garantía de una buena salud psíquica, familiar y social. Es una constante la prevalencia de consumo abusivo de alcohol y cocaína en personas que trabajan en empresas petroleras, y también la ludopatía" (Río Negro, 29/11/2009).

En la Patagonia argentina y en el Norte del país se encuentran numerosas localidades con estas características. Pero la ciudad que ilustra de modo más emblemático y doloroso este proceso, es sin duda Comodoro Rivadavia, la cuna del petróleo argentino. Van algunos datos y reflexiones sobre esto.

> · Comodoro Rivadavia es la principal localidad de la provincia de Chubut y la cabecera del departamento Escalante, emplazada en el Golfo San Jorge. Según el Censo Nacional de 2010, contaba con 173.300 habitantes, que la convierte en la segunda ciudad más poblada de la Patagonia Argentina –sólo superada por Neuquén, que tiene 231.800 habitantes–. En los años `70 fue absorbiendo barrios aledaños y campamentos de la zona norte, en un proceso de "municipalización tardía" (Cabral Márquez, 2008), y hoy cuenta con uno de los ejidos urbanos más extensos del país, con un crecimiento demográfico descontrolado.[1]

1 Situaciones similares pueden observarse en los barrios periféricos de las ciudades

· Al igual que otros pueblos campamentos y posteriormente "ciudad-commodity",[2] Comodoro Rivadavia nació bajo el signo del imaginario del desarraigo, típico de las regiones petroleras, que se nutren de una importante población migrante, cuyo paso por el lugar –y el trabajo– es concebido como estacionario o provisorio. El intendente de Comodoro Rivadavia, Néstor Di Pierro, se refirió a este fenómeno como "mentalidad minera": "Acá todos vienen pensando en quedarse 2 ó 3 años y en ese tiempo llevarse todo lo que puedan. Y se terminan quedando décadas, sin cambiar esa mentalidad" (Mu, 2012).

· Como otras localidades petroleras, en los `90, el proceso de privatización de YPF afectó mucho a la región, en la medida en que implicó un desmantelamiento de una economía amparada por un sistema de relaciones laborales, público y privado, que aseguraba la producción y reproducción de la vida social. Este proceso facilitó el pasaje hacia una economía de enclave, controlada por las corporaciones transnacionales, con fuertes efectos de fragmentación social. En sintonía con lo ocurrido a nivel nacional, las medidas desreguladoras y liberalizadoras provocaron profundos

de Neuquén y Plottier, donde las urbanizaciones y las explotaciones de hidrocarburos compiten por el territorio. Mayormente son poblaciones que no sólo carecen de acceso a los servicios básicos sino que además se ven expuestas a riesgos ambientales muy altos. Ejemplo de ello es el incendio de un pozo de gas que perforaba la empresa Pluspetrol en Plottier, en julio de 2013. Para más información puede consultar los artículos del OPSur, "Claroscuros neuquinos: Los guanacos del oeste" (27/01/2009) y "Viaje a Plottier, un yacimiento poblado" (23/09/2009).

2 "Comodoro Rivadavia y el conjunto de la región patagónica se mueven al ritmo extractivo de los hidrocarburos. Los vaivenes del precio internacional del crudo determinan la vida cotidiana de buena parte de los habitantes de las cuencas petroleras. Alteran los ritmos laborales y los económicos; los de la buena o mala fortuna. Cuando la actividad petrolera cae, se desmorona todo. La falta de trabajo y la escasa circulación monetaria produce una contracción en todos los terrenos de la economía y la crisis se extiende como una densa y viscosa mancha negra" (García, 2011).
"La ciudad generó el año pasado, en todo concepto, 35 mil millones de pesos, pero acá quedaron sólo 26 millones", se queja Néstor Di Pierro, intendente de Comodoro Rivadavia, en declaraciones a la revista Mu. "Pagan buenos salarios y punto. Y a las 6 de la tarde nos meten en la ciudad miles de empleados con plata en el bolsillo a los que nosotros tenemos que darles seguridad, salud, educación. Ninguna operadora hace una escuela, un hospital, un centro recreativo, nada. Y hay que tener en cuenta que la rentabilidad que hoy tienen las operadoras petroleras es en dólares (…) ¿Hoy las operadoras petroleras qué están haciendo? Llevándose todo. Pero nosotros sabemos muy bien que cuando haya problemas con el precio del barril, se van y nosotros nos quedamos con la ciudad explotada y con la gente en la calle" (Mu, 2012)

cambios en la estructura económica de la región, en términos de desindustrialización y aumento de las actividades terciarias, sobre todo en el comercio y el sector servicios, que en Comodoro Rivadavia pasaron de absorber el 48,7% de la población económicamente activa en 1982, al 58% en 1992 (Torres, 2012).

· Comodoro Rivadavia se halla a 70 km de Cerro Dragón, que es el yacimiento de petróleo más importante del país, concesionado a Pan American Energy (PAE) y concentra el 57% de la producción de crudo de Chubut (El Chubut, 02/04/2014). La superficie explotada es el equivalente a 17 veces la ciudad de Buenos Aires. En 2007 el entonces gobernador Mario Das Neves, a cambio de muy poco –o casi nada– para el Estado provincial, renovó la concesión a PAE hasta 2047, diez años antes de que venciera el contrato (García, 2011). Unos 20.000 trabajadores están vinculados a las actividades de esta empresa en la Cuenca del Golfo San Jorge, pero sólo 1000 son empleados directos de PAE (Mu, 2012).

· *Diferencias salariales.* Comodoro Rivadavia es una de las localidades del país donde el costo de vida es más elevado, los salarios "del petróleo" son referencia al momento de fijar precios. "Esta referencia, por supuesto, no tiene en cuenta las enormes diferencias salariales que separan los salarios pagados en la actividad extractiva y sus actividades 'satélites' del resto del mundo del trabajo: En 2013, un docente con 12 años de antigüedad, ganaba entre $ 4.753 y $ 5.229, mientras que los petroleros estaban pidiendo por un salario mínimo de $17.500" (Río Negro, 28/04/2014). En abril de 2014, según consignaba el diario Río Negro, un operario inicial petrolero podía cobrar hasta $25.000, con zona y desarraigo, mientras que un docente inicial cobraba $4.700 de bolsillo. El intendente de Comodoro, Néstor Di Pierro, reconoció al "desequilibrio social que genera la actividad petrolera" como el principal problema de la ciudad. "El 35% de la población trabaja en el petróleo, con sueldos de 35 mil pesos promedio, pero el resto gana entre 5 y 6 mil pesos" (Mu, 2012).

· *Desigualdad entre trabajadores.* Otra cuestión que ha generado numerosos conflictos sociales es la desigualdad existente entre los trabajadores del petróleo, que afecta a los llamados "dragones". Estos, empleados como soldadores y operadores de hidrogrúa –entre otros oficios– por una larga lista de empresas contratistas, hacen muchas veces las mismas tareas que los petroleros pero cobran un 30 o 40 por ciento menos porque sus contratos quedan bajo la órbita de los convenios de trabajo del gremio de la construcción (Diego Genoud, 2012).

· *Suba de alquileres y precios.* Además de las profundas diferencias salariales, boom petrolero y crisis habitacional van asociados. Tal es así que, según un artículo de la revista Crisis, de mayo de 2011, "los alquileres llegan a precios desmesurados –no bajan de los 1.500 pesos para un monoambiente o de 2.500 por una casita de 2 ambientes–; el precio del metro cuadrado de construcción en Comodoro vale lo mismo que en Puerto Madero. La proliferación de camionetas 4x4 y de altos alquileres, contrasta con la extensión de barrios precarios y asentamientos: en el sur, el Abásolo, el Moure, el Stella Maris; en el norte, el kilómetro 3,5 y el 8" (García, 2011). "Hoy un alquiler es de 4 mil pesos, mínimo. Para el salario del petrolero le significa un 20%, pero para el salario del empleado docente o un policía, le significa más del 60%", aseguró el intendente Di Pierro en octubre de 2012 (Mu, 2012).

· *Condiciones de trabajo, ocio, consumos, adicciones.* A diferencia de la minería, la actividad petrolera tiende a crear puestos de trabajo y una red de servicios. Por ejemplo, según datos del Indec de 2013, el conglomerado Comodoro Rivadavia-Rada Tilly es el que tiene mayor tasa de sobreocupación horaria de toda la Argentina. De acuerdo al último relevamiento de indicadores socioeconómicos de la Encuesta Permanente de Hogares (EPH) del Instituto Nacional de Estadísticas y Censos (Indec), la población que trabaja más de 45 horas semanales llega al 51,9% del total de los económicamente activos (El Patagónico, 29/12/2013). Sin embargo, como afirma Sebastián Barros, profesor de la Universidad Nacional de la Patagonia (UNPAT) e investigador del Conicet, la desintegración social y la organización de tiempo de trabajo aparecen entrelazadas. Barros cuestiona tanto la alienación en términos de dependencia, como el hecho de tener que trabajar más de 16 horas, y la falta de injerencia del Estado que no legisla sobre la problemática. De aquí se desprenden diferentes conflictos, muchos se traducen a la vida cotidiana y el trabajador petrolero termina, de alguna manera, siendo discriminado. "También necesita pensarse en el tiempo de ocio ¿Qué hace esos tres días en los que el trabajador regresa a su hogar? ¿Qué otras opciones tiene el trabajador que no sea ese consumo suntuario que generalmente las clases medias le critican?" (Panorama Universitario, 2012 : 9-10).

Otra cuestión es la exacerbación de problemáticas sociales como la adicción. El senador nacional (MPN) y secretario general del Sindicato de Petróleo y Gas Privado de Río Negro, Neuquén y La Pampa, Guillermo Pereyra, en un seminario organizado por la Fundación Mediterránea, instó a empresas y Estado a "poner el énfasis en la prevención" de adicciones en el ámbito laboral del petróleo, "porque si pensamos en la rehabilitación llegamos tarde". Además, dijo que en las búsquedas de trabajo que realizan las compañías "hay casi un 40 por ciento de rechazos, debido a la detección de abuso de droga o alcohol en los análisis clínicos" (Río Negro, 18/04/2014). Un dato escalofriante que obliga a revisar sobre las condiciones de trabajo en el área petrolera. Por su parte Miller, Larrondo y Coppone, afirman que:

> "Es habitual que un petrolero justifique el consumo en motivos como la 'exigencia del trabajo', los horarios nocturnos, la lejanía de la familia o las semanas en los pozos. Por la dificultad de obtener datos, no se hace una estadística de personas adictas a la cocaína en la industria del petróleo, pero extraoficialmente se admite que el porcentaje es alto. El abuso de alcohol es más visible, aunque no menos grave" (Río Negro, 29/11/2009).

Al respecto, el subgerente de Salud Ocupacional y Programas Nacionales de Prevención de la Superintendencia de Riesgos de Trabajo, Germán Canteros, sostuvo en declaraciones al diario El Patagónico (05/12/2013) que "las adicciones y el trabajo tienen un gran índice, es difícil comprobar si tienen que ver con las situaciones laborales o si tienen que ver con la vida particular de las personas". No obstante, consideró que el tipo de trabajo podría tener alguna injerencia porque "se debe tener en cuenta que son personas que sufren un desarraigo y están en lugares inhóspitos. Pero a eso hay que estudiarlo, no hay ninguna estadística que lo demuestre".

· *Comodoro es una de las capitales nacionales de la trata y la prostitución.* Ciertamente, otra de las consecuencias es la acentuación de los estereotipos de la división sexual del trabajo o, lo que podríamos denominar una reactualización del patriarcado en contextos de enclaves.

En un marco agravado por las características de enclave y por el trabajo físico, ello afecta de manera muy negativa sobre los roles que se asigna a la mujer: por un lado, en un contexto de marcadas asimetrías salariales, se fortalece el rol tradicional de la mujer (hombre-trabajador-proveedor/mujer-ama de casa-cuidadora), a fin de garantizar la reproducción de la fuerza de trabajo.[3] Por otro lado, se potencia el proceso de explotación sexual de las mujeres y se cristaliza su rol como objeto sexual. En un extenso e interesante reportaje publicado en Observatorio Petrolero Sur, Mercedes Assorati, Coordinadora General del Programa "Esclavitud Cero" de la "Fundación El Otro", afirmaba:

> "El sur del país es un enorme prostíbulo. Esto tiene una raíz histórica, tiene que ver con el desarrollo de la industria petrolera y con la presencia de hombres solos que estaban largos períodos de tiempo en lugares donde no había mujeres. Ahora esto cambió un poco pero es como una impronta cultural. De manera que la existencia de prostíbulos en el sur es centenaria y está directamente vinculada a la industria petrolera" (OPSur, 21/04/2010).[4]

Vale la pena recordar las declaraciones realizadas en septiembre de 2013 por el presidente del bloque kirchnerista de diputados en Santa Cruz que, ante la iniciativa de sancionar una ordenanza para cerrar cabarets en la localidad de Caleta Olivia, advirtió que sin prostíbulos "puede llegar a haber otras cosas, como violaciones u otras cosas" y afirmó estar "de acuerdo con que los locales estén abiertos" (La Nación, 05/09/2013).

3 En la edición 11 de la revista *Crisis* (septiembre/octubre 2012) se publica un artículo de Virginia Bersáis sobre "las dragonas" –esposas, madres, hermanas e hijas de quienes trabajan fuera de convenio en el yacimiento Cerró Dragón (soldadores, constructores, operadores de retro-excavadoras)–. La autora analiza el rol de estas mujeres durante los conflictos laborales protagonizados por "los dragones" y destaca que "en situaciones extremas esos roles se modificaban pero cuando la paz regresa todo vuelve a su lugar".

4 "[Rincón de los Sauces] no escapa a la realidad de todas las comunidades petroleras o mineras del país y del mundo, porque ésta es la realidad, o sea esto hace a nuestra identidad también. Por lo general la industria del petróleo genera este tipo de actividades", sostuvo Hugo Wernli, el entonces intendente de esa localidad neuquina en declaraciones al diario Río Negro (04/02/2009) luego de un mega-operativo que intentó rescatar víctimas de trata.

En la entrevista citada más arriba Assorati afirmaba respecto de los prostíbulos:

> "Tenemos en Chubut mucho reclutamiento a partir de la droga, vuelven drogadictas a niñas de 12 y 13 años y después las insertan al sistema prostibulario. Esas chicas duran nada, mueren de sobredosis, mueren muy jóvenes, con lo cual se necesita un recambio más rápido" (OPSur, 21/04/2010).

Asimismo añadía que:

> "A partir de una investigación de la Unidad Fiscal de Asistencia en Secuestros Extorsivos y Trata de Personas de la Procuración General de la Nación (Ufase), pudo reconstruirse un circuito de trata que va desde Santa Rosa, capital de La Pampa, a la ciudad de 25 de mayo, en el extremo sudoeste de esa provincia; de allí se extiende a la localidad vecina Catriel (Río Negro) y a las neuquinas Añelo, Cutral-Có, Plaza Huincul y Rincón de los Sauces. Todas ciudades petroleras" (OPSur, 21/04/2010). "Según el informe elaborado por Organización Internacional de Migraciones (OIM) en 2006, existen conexiones entre las whiskerías de Comodoro Rivadavia y las de Caleta Olivia, que en algunos casos son regenteadas por una misma persona. En el documento se menciona el caso de un grupo de jóvenes que en 2004 logró escapar de un prostíbulo comodorense y denunció que las mujeres que allí eran explotadas habían sido traídas tanto de Salta y Jujuy como del exterior. En tanto una investigación más amplia logró establecer que las mujeres procedían de Santa Fe, Córdoba, Buenos Aires, Salta, Tucumán, Mendoza, La Pampa, Entre Ríos y Río Negro. También se probó que en algunas oportunidades los propios regentes de prostíbulos viajaban al NOA para realizar la 'captación' y tenían bases de apoyo en Tucumán y Capital Federal. El documento también señala los vínculos de los proxenetas con funcionarios públicos, empleados de empresas de transporte y telefonía móvil y empresarios hoteleros" (OPSur, 21/04/2010).

En Comodoro Rivadavia, tras un operativo que incluyó el allanamiento de 7 departamentos VIP's, el ministro de Gobierno de Chubut, Miguel Castro, dijo al diario El Chubut que "este fenómeno se está registrando 'en toda la provincia'" y que "hay que establecer alguna regulación desde el Municipio". En razón de ello, como publicó el periódico Infobae en abril de 2012, el Concejo Deliberante comenzó a debatir una ordenanza para reglamentar la prostitución para el turismo, proyecto avalado por el intendente local, Néstor Di Pierro. Buscaban crear una "zona roja", en un sector destinado al asentamiento de burdeles. "No sólo es (para) regular y cuidar sanitariamente, sino que hay muchos países que generan estos espacios que desarrollan también los aspectos turísticos, como Holanda", indicó la funcionaria municipal. Según detalló la directora de Salud municipal, Judith Jozami, se pretende "fortalecer los aspectos sanitarios" vinculados con las mujeres que ofrecen servicios sexuales". Pero lo que resulta más increíble es que también se busca generar un atractivo "turístico" para posicionar a la ciudad chubutense por sus prostíbulos (Infobae, 08/04/2012).

· *Comodoro es una de las ciudades argentinas con el índice más alto de criminalidad.* 28 homicidios ocurridos entre enero y agosto de 2012. Ese mismo año, el diario La Nación sindicaba que Comodoro era "la capital del crimen", con una tasa de homicidios de 14,5 asesinatos cada 100.000 habitantes, casi tres veces superior al promedio nacional –la última fue de 5,5– (La Nación, 21/08/2012). En razón de ello, en 2012, tras varias violaciones y otros dos intentos, la directora asociada para el área externa del Hospital Regional de Comodoro Rivadavia, Alicia Sampaolesi, propuso repartir silbatos a mujeres para alertar sobre situaciones de riesgo en la zona centro de la ciudad (El Patagónico, 21/05/2012).

· *Contaminación y pasivos ambientales.* La situación ambiental es igualmente preocupante. El Patagónico publicó que "según datos aportados por el Ministerio de Ambiente y Control de Desarrollo Sustentable de Chubut, en la provincia hay unos 16.000 pozos de los cuales un 38% están en producción (aproximadamente 6.000), un 32% abandonados (4.900) y el resto inactivos (4.600). En la Cuenca del Golfo San Jorge hay unas 780.000 hectáreas directamente afectadas a la actividad petrolera. Según la Universidad Nacional de la Patagonia, esta situación involucra a unos 500 superficiarios, de los cuales unos 100 pertenecen a la provincia de Chubut" (El Patagónico, 26/09/2011). Siempre según El Patagónico, se estima que Comodoro Rivadavia es una de las ciudades de mayor pasivo ambiental del país. La localidad tiene un total de 2.444 pozos petroleros abandonados, de los cuales unos 1.425 pertenecen a YPF. Asimismo, como consignaba el intendente Néstor Di Pierro en 2012, Repsol mantiene "una deuda de casi $ 200 millones, y además hay un pasivo ambiental por el paso del oleoducto de casi 3000 pozos" (Tiempo Argentino, 24/05/2012).[5]

Por otro lado, los estudios existentes indican la afectación del ecosistema marino y costero:

> "los sedimentos de la zona del Golfo San Jorge están contaminados con hidrocarburos de origen antrópico (producido por el hombre). En todas las muestras de este Golfo se detectó aparte de petróleo fresco, la presencia de MCNR (mezcla compleja no resuelta) [que] indica petróleo degradado o material orgánico degradado de múltiples fuentes. Estos datos estarían señalando un "input" constante por las operaciones conectadas con la explotación petrolera de la zona y el transporte marítimo, generando una contaminación crónica" (Enjoy Patagonia, s/f).

Luego del derrame de crudo producido en diciembre de 2007 en Caleta Córdova, ubicada a 18 kilómetros del centro de Comodoro, las familias del lugar, que se dedicaban a la pesca artesanal, denunciaron que los impactos persisten, más allá de que no se vea crudo en las playas, por lo que cesaron su actividad. Además, en varias oportunidades, alertaron sobre impactos en la salud, sin lograr respuestas (Asociación de Abogados ambientalistas, 2008; Scandizzo, 2012).

· *Respecto de los impactos socio-sanitarios*. En 2013, "la Doctora Jacqueline Vieracsuc, del Área Programática de la Región Sur, explicó que no existen estadísticas específicas de la zona de Comodoro Rivadavia y tampoco estudios sobre la incidencia de la industria petrolera en el aumento de casos de cáncer, pero que, sin duda, la contaminación del agua es un factor a tener en cuenta". Por su parte, el concejal del Fpv, Carlos Vargas, declaró que "Comodoro es la ciudad de mayor índice de cáncer, producto de la actividad

5 Los daños y pasivos ambientales se han transformado en moneda de negociación entre las autoridades públicas y las empresas petroleras. Cuando en una puja desde el Estado no logran imponer su posición, se apela a los impactos ambientales para presionar y destrabar la negociación. Un ejemplo de ello es el testimonio del intendente de Comodoro, Di Pierro. Consultado por la revista *Mu* (octubre, 2012) si veía factible que las petroleras aporten al fondo cooperación empresaria que promovía para afrontar necesidades del municipio sostuvo: "Tienen un problema: o se comprometen o nosotros las vamos a denunciar en todos los lugares donde podamos denunciarlas. Y vamos a avanzar muy fuertemente en el control del daño ambiental... el Estado tiene herramientas".

petrolera-minera. Comodoro es consciente de que el petróleo hay que sacarlo porque el país se mueve en base al petróleo, pero no sé si se están tomando todos los recaudos necesarios como para preservar la vida de la gente" (Puerta E, 09/06/2013).

Por último, en Comodoro Rivadavia, existe un cierto discurso social que reconoce que la ciudad y de modo más amplio, la región, se ha convertido en una "zona de sacrificio" y cuestiona, por ende, el hecho de que el resto de la provincia se sostenga gracias a la actividad petrolera.

Comodoro Rivadavia se ha convertido en un emblema del maldesarrollo, una ciudad que combina los índices de sobreocupación, con altísimas tasas de criminalidad y exacerbación de graves problemáticas sociales, como la trata, la prostitución y las adicciones, entre otros. Frente a estos datos tan variados como contundentes, ¿acaso alguien podría negar los enormes impactos sociales y la reconfiguración territorial que las actividades extractivas a gran escala (convencionales y no convencionales), producen en las sociedades locales?

En suma, la noción de maldesarrollo incluye, además de la dimensión ambiental, otras vinculadas al estilo y calidad de vida, ya que allí donde irrumpen las actividades extractivas a gran escala se consolidan fuertes estructuras de desigualdad, tal como lo ilustran varias ciudades del sur argentino, entre ellas, como hemos visto, Comodoro Rivadavia. Debemos pensar entonces a la contaminación no sólo como un proceso ambiental, sino también como un proceso que debe leerse desde una perspectiva más amplia y global, que incluye la esfera social, económica y cultural.

Fuentes consultadas

Asociación Argentina de Abogados Ambientalistas (Enrique Viale) (2008), "El derrame petrolero en Caleta Córdova", 20 de febrero de 2008, Comunicado de la Asociación Argentina de Abogados Ambientalistas – AadeAA, disponible en: http://www.maraustralis.com/c080220viale.html

Bersáis, Virginia (2012), "Las mujeres de Dragón", en revista *Crisis* N° 11, septiembre/octubre. Bs. As.

Confines (Daniel Cabral Márquez) (2008), "Una ciudad de zonas grises y versiones mitificadas", Arte y Cultura desde la Patagonia, edición N° 9, suplemento El Extremo Sur de la Patagonia, abril. Comodoro Rivadavia. Disponible en: http://www.confinesdigital.com/conf9/una-ciudad-de-zonas-grises-y-versiones-mitificadas.html

Dumond, René y Mottin MF. (1982), *El mal desarrollo en América Latina (México, Colombia, Brasil),* México, Panorama.

El Chubut, (2014), "La Provincia promueve una denuncia para que se investigue el contrato con PAE firmado en 2007", 2 de abril de 2014, disponible en: http://www.elchubut.com.ar/nota/85900/

El Patagónico, (2011), "La otra deuda de la industria petrolera: el pasivo ambiental", 26 de septiembre de 2011, disponible en: http://www.elpatagonico.net/nota/105979/

--- (2012), "Repartirán silbatos a mujeres para alertar sobre situaciones de riesgo", 21 de mayo de 2012, disponible en: http://www.elpatagonico.net/nota/123716/

--- (2013), "La industria petrolera está en la media nacional de accidentes de trabajo", 5 de diciembre de 2013, disponible en: http://www.elpatagonico.net/nota/223131/

--- (2013), "Comodoro tiene la tasa más alta de sobreocupación del país", 29 de diciembre de 2013, disponible en: http://www.elpatagonico.net/nota/225654/

Enjoy Patagonia (s/f), "Contaminación por hidrocarburos y metales en la zona costera patagónica", Resumen del Informe Técnico realizado por la Fundación Patagonia Natural, en el marco del Plan de Manejo Integrado de la Zona Costera Patagónica, disponible en: http://www.enjoy-patagonia.org/articulos-relacionados/articulos-contaminacion-patagonia.php

García, Marcelo (2011), "El emirato patagónico", en revista *Crisis* Nº 4, abril/mayo. Bs. As., disponible en http://www.revistacrisis.com.ar/El-emirato-patagonico.html

Genoud, Diego (2012), "Dragón vivo, Vaca Muerta", en revista *Crisis* Nº 10, Bs. As., julio/agosto, disponible en http://www.revistacrisis.com.ar/dragon-vivo-vaca-muerta.html

Infobae (2012), "Quieren reglamentar la prostitución en Comodoro Rivadavia por el turismo", 08 de abril de 2012, disponible en: http://www.infobae.com/2012/04/08/641135-quieren-reglamentar-la-prostitucion-comodoro-rivadavia-el-turismo

La Nación (Gustavo Carabajal) (2012), "Comodoro Rivadavia, capital del crimen", 21 de agosto de 2012, disponible en: http://www.lanacion.com.ar/1501027-comodoro-rivadavia-capital-del-crimen

--- (2013), "Un diputado kirchnerista, a favor de los prostíbulos en Santa Cruz", 5 de septiembre de 2013, disponible en: http://www.lanacion.com.ar/1617098-un-diputado-kirchnerista-a-favor-de-los-prostibulos-en-santa-cruz

Mu (2012), "La mala vida. Comodoro Rivadavia: Petróleo & Prostitución", la revista de *La Vaca* Nº 59, octubre de 2012, disponible en: http://www.lavaca.org/mu/mu-59-mil-putas/

OPSur (2009), "Claroscuros neuquinos: Los guanacos del oeste", 27 de enero de 2009, disponible en: http://wp.me/p1NWJb-s.

--- (2009), "Viaje a Plottier, un yacimiento poblado", 23 de septiembre de 2009, disponible en: http://wp.me/p1NWJb-Gr.

--- (Hernán Scandizzo) (2010), "El negocio de la trata en la ruta del petróleo", 21 de abril de 2010, disponible en: http://www.opsur.org.ar/blog/2010/04/21/el-negocio-de-la-trata-en-la-ruta-del-petroleo/

Panorama Universitario (Sebastián Barros) (2012), "En Comodoro el mercado funciona y sin embargo no se puede pensar en una sociedad integrada", información online de la U.N.P.S.J.B, edición Nº 14, noviembre 2012, disponible en: http://www.unp.edu.ar/panorama/NOVIEMBRE%202012.pdf

Puerta E (Cynthia Francisco/La Tijereta) (2013), "Comodoro Rivadavia: "Cáncer y contaminación del agua por la explotación hidrocarburífera", 9 de junio de 2013, disponible en: http://puertae.blogspot.com.ar/2013/06/comodoro-rivadavia-cancer-y.html

Río Negro (A. Miller, R. Larrondo y D. Coppone) (2009), "Juego, Alcohol y drogas: tentaciones petroleras", 29 de noviembre de 2009, disponible en: http://www1.rionegro.com.ar/diario/2009/11/09/125772915695.php

--- (2014), "Pereyra instó a "trabajar en la prevención de adicciones" en el ámbito laboral del petróleo", 18 de abril de 2014, disponible en: http://www.rionegro.com.ar/diario/pereyra-insto-a-trabajar-en-la-prevencion-de-adicciones-en-el-ambito-laboral-del-petroleo-1986436-9701-nota.aspx

--- (A. Miller, R. Larrondo y D. Coppone) (2009), "Juego, Alcohol y drogas: tentaciones petroleras", 29 de noviembre de 2009, disponible en: http://www1.rionegro.com.ar/diario/2009/11/09/125772915695.php

Scandizzo, Hernán (2012), "Mar prohibido", en revista *Crisis* Nº 8, febrero/marzo. Bs. As., disponible en http://www.revistacrisis.com.ar/el-mar-prohibido.html

Shiva, Vandana (1995), *Abrazar la vida. Mujer, ecología y desarrollo,* Madrid, Horas y Horas. [Staying Alive. Women ecology and survival. 1988] pp. 19-75.

Svampa Maristella (2014), "Comodoro Rivadavia, modelo de maldesarrollo", en Observatorio Petrolero Sur, 11 de febrero de 2014, disponible en: http://www.opsur.org.ar/blog/2014/02/11/comodoro-rivadavia-un-modelo-de-maldesarrollo/

Svampa, Maristella y Viale, Enrique (2014), *Maldesarrollo. La Argentina del despojo y el extractivismo*, Buenos Aires, Ediciones Katz.

Tiempo Argentino (Leandro Renuo) (2012), "El pasivo que dejó Repsol ya es superior al valor de YPF", 24 de mayo de 2012, disponible en:

http://tiempo.infonews.com/sw_contenido_infonews_preview.php?id=76467&preview=1&id_portal=1

Unceta Satrustegui, Koldo (2009), "Desarrollo, Subdesarrollo, maldesarrollo y postdesarrollo. Una mirada Transdisciplinar sobre el debate y sus implicaciones", en *Carta Latinoamericana*, Contribuciones en Desarrollo y Sociedad en América Latina, Montevideo, Claes, Abril de 2009, n 7.

Tortosa, José María (compilador) (2011), *Maldesarrollo y mal vivir. Pobreza y violencia a escala mundial*, Quito, Editorial ABYA-YALA.

Torres, Fernanda (2012), "La privatización de YPF en Comodoro Rivadavia. Algunas características y consecuencias sociales y laborales", Publicado en la revista Nº 18, Santiago del Estero ene/jun, disponible en: http://www.scielo.org.ar/scielo.php?script=sci_arttext&pid=S1514-68712012000100018

13 - ¿Territorios vacíos o Territorios en disputa? Las sociedades locales, ¿entre las promesas incumplidas del desarrollo regional y el establecimiento de zonas de sacrificio? ¿Compite el avance de la explotación de yacimientos no convencionales con economías regionales preexistentes?

Aportes de Maristella Svampa

En la actualidad, la explotación de los hidrocarburos no convencionales avanza de la mano de la promesa de desarrollo regional, a través de la creación de empleo y de una amplia red de servicios. Para ello, el Estado y el sector corporativo han comenzado a emplear el término cluster (factoría), para hacer referencia de la sinergia de empresas y la concentración geográfica de actividades en la zona prospectable de la formación Vaca Muerta, que impactará directamente en las localidades cercanas, entre ellas, Añelo.

Es bueno recordar que estas promesas de desarrollo no son nuevas. Así, resulta que la localidad de Añelo, ubicada a 100 km de Neuquén capital, con 5.000 habitantes, se halla solamente a 8 km del yacimiento Loma La Lata, que en otras décadas supo concentrar grandes promesas de progreso y bienestar, con la llegada de YPF primero; luego de la privatización, con Repsol. Asimismo no se trataba de un yacimiento más, ya que el descubrimiento y puesta en producción de Loma de la Lata significó para el país un vuelco en la matriz energética, convirtiéndose el gas en la principal fuente primaria, superando al petróleo.

La promesa del "aluvión petrolero", siempre ha generado expectativas de trabajo en las localidades cercanas a los yacimientos. Por ejemplo:

"En Rincón de los Sauces, a 200 km de la ciudad de Neuquén, con diez mil habitantes, que antes era un criancero de chivos y cabras, el petróleo impactó en el comercio; aunque el pueblo creció sin planificación, como si fuese un `campamento grande´ dispuesto a sostener con infraestructura básica la sed del petróleo." (Larraquy, 21/7/2013).

En este contexto, Añelo estuvo lejos de beneficiarse económica y socialmente de ese boom petrolero de los `90. Hoy continúa siendo una localidad pobre, acosada por la contaminación, privada de servicios básicos, y con problemáticas propias de los "pueblos-campamento". La fiebre del shale gas no ha hecho más que potenciar dichas problemáticas, ante la inflación de las expectativas. Efectivamente, en Añelo, ya son visibles los problemas sociales y urbanos, típicos de los enclaves extractivos. "Por sus calles de tierra circulan decenas de camionetas 4x4 y los alquileres se dispararon a precios inaccesibles: una casa de dos habitaciones puede llegar a costar 8.000 pesos [equivalentes a U$S 1000 en abril de 2014] por mes" (Rocha, 3/5/2014). Más aún, la periodista ambiental Laura Rocha, afirmaba en mayo de 2014 que el alquiler de un monoambiente costaba $18.000. "En Añelo no hay hospitales, sólo una salita de primeros auxilios [que amplió su capacidad con tráiler sanitarios donados por la petrolera francesa Total], la única calle asfaltada no mide más de 200 metros, la municipalidad está ubicada en una casa tipo plan de vivienda frente a la plaza y hay una sola estación de servicio" (Zanellato, 13/09/2013).[1]

Pero Añelo ya tiene un casino, pensado para los trabajadores petroleros que descienden el fin de semana, y su población es altamente dependiente del municipio, pues el 10% de sus habitantes –600 personas– son empleados municipales (Larraquy, 21/7/2013). Asimismo, se anunció la construcción del primer barrio privado en la zona (Clarín, 21/6/2014). De modo que todo hace prever que, como ya sucedió en el pasado, Añelo continuará profundizando la vía del maldesarrollo, acentuando la estructura de desigualdades ya presente, donde estarán presentes de modo exacerbado un sinnúmero de problemáticas sociales (adicciones, prostitución, delito) como sucede en otros pueblos o "ciudades-commodity".

En esta línea cabe preguntarse cuál es la concepción que del territorio vehiculan los proyectos extractivos a gran escala, tal como lo ilustra el avance de la frontera hidrocarburífera hoy. Podríamos decir que, en

1 También en relación a las promesas y transformaciones de Añelo pueden consultarse las notas de Martín Álvarez (Cartago web, 23/03/2014).

aras del capital, empresas y gobiernos proyectan una visión "eficientista" de los territorios, que son considerados como "socialmente vaciables" en la medida en que contienen bienes valorizados por el capital. En el extremo, éstos son considerados áreas de sacrificio. El concepto de área o zona de sacrificio supone la radicalización de una situación de injusticia ambiental. Pues no se trata solamente de la emergencia de una territorialidad excluyente respecto de otras territorialidades subalternas, que quedan sumergidas o dislocadas, sino también de la degradación de los territorios, de la calidad de vida, ante la consolidación de modelos de maldesarrollo, ya que con el paso del tiempo, lo que queda para las comunidades locales son los impactos ambientales y socio-sanitarios, como ya ocurrió con las comunidades indígenas afectadas por la explotación del yacimiento de Loma de la Lata.

En la Argentina, y en la Patagonia en especial, esa noción de territorio sacrificable trae reminiscencias muy oscuras, de la mano de la noción de "territorios vacíos" (la metáfora del desierto), que se utilizó a fines siglo XIX para acorralar y exterminar poblaciones indígenas, desvalorizando lo que éstas representaban en términos de cultura y de hábitat. Funcionarios del gobierno nacional y provincial utilizan actualmente la metáfora del desierto para plantear, por ejemplo, la minería a gran escala, el *fracking* o el agronegocio (avance de la frontera sojera), como única alternativa productiva. Más aún, en nombre de la ideología del progreso y la modernización, las comunidades o localidades allí asentadas aparecen invisibilizadas, las economías regionales devaluadas o sus crisis exacerbadas, a fin de facilitar el ingreso de otros modelos de desarrollo, que terminan convirtiéndose en agentes de ocupación territorial.

Pese al discurso oficial, no se trata de territorios vacíos sino de territorios en disputa. Por ejemplo, el yacimiento Loma La Lata se encuentra al interior del territorio de varias comunidades indígenas donde se han registrado graves problemas de contaminación, que dieron lugar a denuncias, estudios de salud y procesos judiciales. Este yacimiento abarca 8.000 hectáreas de las comunidades Paynemil y Kaxipayiñ.

Para el año 2000 en esa superficie se habían perforado 77 pozos, abierto 3 caminos principales (de entre 15 y 18 m de ancho) y 9 secundarios (de 9 m de ancho), tendido 88 ductos (162 km) y 1 línea de alta tensión. También funcionaban 4 estaciones compresoras, 2 de refrigeración, 3 baterías, 5 unidades separadoras y de fraccionamiento, 1 planta descarbonatadora y un campamento para el personal. En 1995 los Paynemil constataron que el agua de las napas que extraían para consumo tenía una particularidad: era inflamable –luego se confirmó la saturación con condensados de gasolina– (OPSur, 27/01/2010).

Al año siguiente se publicó un estudio realizado por Umweltschutz Argentina, a pedido de las comunidades y la Confederación Mapuche de Neuquén, que cuantificaba los daños ambientales: 630 mil m³ de suelo contaminado con altas concentraciones de cromo, plomo, arsénico, naftaleno, pireno y compuestos aromáticos en capas de hasta 6 m de profundidad. Las aguas registraron valores de metales pesados, hidrocarburos y fenoles que superaban los estándares aceptados. Los resultados de los estudios clínicos realizados a 42 personas, sobre un total de 98, detectaron síntomas de intoxicación crónica por hidrocarburos: vértigo, debilidad, nerviosismo, dolor de extremidades y dermatitis. También reflejaban manifestaciones de intoxicación con metales pesados como: irritabilidad, cefalea, insomnio, sueños perturbados, fatiga e interrupciones de embarazos. En 1997 trascendió un caso de anencefalia en la comunidad Kaxipayiñ, un feto sin cabeza se gestaba en el vientre de una joven comunera (di Risio, 2008; Svampa y Viale, 2014).

Para el caso de Vaca Muerta, en el corazón de este yacimiento se encuentran las 8.000 hectáreas de la Comunidad Campo Maripe, la cual reclama ser consultada, tal como lo exige el convenio 169 de la OIT. Sin embargo YPF sostiene que sobre estos campos no hay territorios indígenas (Larraquy, 21/7/2013). En 2013, el lonko [2] Albino Campos, del lof Campo Maripe, aseguró que los trabajos de las empresas petroleras ya habían comenzado, que había cerca de 600 pozos en producción, y la mayoría estaba localizado a entre dos y diez kilómetros de sus casas. "Esos lugares también son campos de pastoreo", alertó Campos en una rueda de prensa (Río Negro, 11/07/2013).

Asimismo, la afirmación de que existen regiones marcadas históricamente por la pobreza y la vulnerabilidad social, con una densidad poblacional baja, que cuentan con grandes extensiones de territorios "improductivos", facilita la instalación de un discurso "eficientista" y excluyente. Sea que se los conciba como "territorios socialmente vaciables", "ociosos", "desiertos" o "vacíos", el resultado es similar: la obturación de otros lenguajes de valoración del territorio, vinculados a los sectores subalternos y crecientemente incompatibles con los modelos dominantes.[3]

2 El Lonko es la autoridad máxima de la comunidad mapuche, a cargo de aspectos religiosos y administrativos.

3 Vale la pena citar el cruce de opiniones en el Senado de la Nación entre Miguel

¿Compite el avance en la explotación de yacimientos no convencionales con economías regionales preexistentes?

Los diferentes oficialismos (nacionales y provinciales) y las empresas afirman que la actividad hidrocarburífera a gran escala no tendrá impacto negativo sobre las economías regionales preexistentes. Sin embargo, la experiencia muestra lo contrario: La actividad extractiva avanza sobre los territorios, desplaza otras actividades económicas con las cuales compite por recursos (agua, energía y tierras), como la agricultura, la ganadería y el turismo, produciendo de ese modo la dislocación del tejido económico y social previo.

Uno de los casos más emblemáticos que ilustra la avanzada petrolera en la Patagonia argentina es el de Allen, localidad de unos 30 mil habitantes en el fértil valle del río Negro. Con sus 6.500 hectáreas bajo cultivo, Allen es un territorio con historia, consagrado a la producción de frutas, sobre todo peras y manzanas, además de hortalizas. Esta matriz productiva, casi centenaria, hoy se encuentra amenazada por el avance de la actividad hidrocarburífera, la cual, aunque se viene llevando a cabo desde hace décadas en la zona, se ha expandido notoriamente desde 2006 con el ingreso de la petrolera Apache y, de manera más vertiginosa, a partir de 2010.

Recordemos que la Cuenca Neuquina incluye también el Alto Valle del río Negro y la región tiene potencial en diferentes formaciones de hidrocarburos no convencionales, no sólo *shale* gas sino también *tight gas*.[4] Actualmente se extrae tigth gas, o gas de areniscas, de la formación

Pichetto, presidente del bloque del FpV, y el werken (vocero) de la comunidad Kaxipayiñ, Gabriel Cherqui, durante el tratamiento del acuerdo entre el Estado argentino y Repsol –para cerrar el proceso expropiatorio. En aquella ocasión el representante mapuche denunció la contaminación de su territorio por la industria petrolera, que no sólo impacta en la salud de los pobladores sino también en su cultura y actividades productivas. Como respuesta el senador Pichetto intentó descalificarlo al decir no entender que "prefieran vivir con una economía pastoril". "Es la forma de vida que elegimos", le respondió Cherqui (Parlamentario.com, 18/03/2014). Martín Maliqueo, que también participó de la audiencia, en representación de la comunidad Winkul Newen, fustigó la "visión netamente economicista" y destacó que las formas de vida tradicionales de los pueblos originarios están reconocidos en la Constitución Nacional y tratados internacionales, subrayando el desconocimiento de derechos colectivos por parte del senador rionegrino (Mapuexpress, 20/03/2014).

4 Gas de arenas compactas. Dada la baja permeabilidad de la roca, es necesario en algunos casos fracturar la roca para permitir el flujo de fluidos. Esto hace que el yacimiento se pueda definir como no convencional. Dependiendo del espesor y de la dirección general del depósito sedimentario también puede ser que los pozos sean dirigidos o incluso horizontales.

Lajas a través de, por lo menos, 160 perforaciones. La mayor parte de ellas están emplazadas entre plantaciones de peras y manzanas, e incluyen varias plataformas multipozos (*well pad*) en las cuales ya se ha aplicado la metodología de la fractura hidráulica o *fracking*.

Sin entrar en un estudio de caso, importa destacar dos cuestiones que hacen de Allen un paradigma: una, el modo en cómo la matriz productiva tradicional de esta localidad se halla amenazada; la otra, cuál es el discurso de las autoridades al respecto.

En primer lugar, en las últimas décadas el sector frutícola del Alto Valle del río Negro, principal exportador de frutas de pepita del país, ha venido sufriendo enormes transformaciones, vinculadas al proceso de modernización, internacionalización y concentración económica. En el marco de estas transformaciones, los pequeños y medianos chacareros se convirtieron en el eslabón más débil del circuito productivo; allí por donde pueden golpear las empresas petroleras, en su avance con la actividad hidrocarburífera en la localidad. Efectivamente, como en otras economías regionales del país, la crisis y la reconversión tecnológica se hizo en favor de los grandes actores económicos, lo que para el caso de Allen impactó fuertemente sobre los contornos del tradicional mundo chacarero. En la actualidad, la región transita una etapa de mayor concentración y transnacionalización. Las grandes firmas integradas se convirtieron en el núcleo hegemónico de la cadena frutícola, centralizando la comercialización interna y externa de la producción regional, predominantemente mediante formas de integración vertical.

Entre las múltiples dificultades que enfrentan los chacareros y productores independientes está la falta de acceso al crédito, el endeudamiento (no sólo financiero, sino también con la AFIP) y el acceso a nueva tecnología (Álvaro, 2013). En razón de ello, nucleados en diferentes cámaras y federaciones, dichos actores sociales han venido desarrollando distintas acciones colectivas orientadas hacia el Estado provincial y nacional, que incluyen desde demandas netamente corporativas –subsidios al sector– hasta otras, de carácter más general, relativas a la economía regional, que abarcan la necesidad de pensar un proyecto integral a partir de un modelo de producción sustentable. Los estados nacional y provincial, por su parte, han llevado a cabo una política cortoplacista que apunta al otorgamiento de subsidios, la cual ilustra la ausencia de un plan estratégico de mediano y largo plazo, que apunte a una producción sustentable y, a la vez, garantice la reducción de inequidades en el interior de la cadena, entre chacareros y productores independientes, frente a los grandes empacadores y exportadores.

Por ende, dicha política cortoplacista no hace más que acentuar la crisis crónica de ciertos actores sociales en el esquema productivo actual, acentuando las desigualdades al interior de la cadena. Un dato no menor que avala esta afirmación es la notoria reducción en la cantidad de productores del Alto Valle: hacia los años 90 éstos eran 6.000; hacia 2001, 4.313; en 2005, 3.100 (según datos citados en Álvaro, 2013). En esta cartografía social, Allen aparecía como la localidad con mayor cantidad de productores (302, según el censo de 2002), pero la mayor parte de ellos (77,5%) se concentraba en pequeñas propiedades, que iban de 1 a 20 hectáreas (Ibídem, 2013).

En este escenario, es en gran parte hacia ellos, pequeños chacareros desesperados, dispuestos a abrazar soluciones de corto plazo, en un contexto de crisis crónica del sector, que se ha dirigido la empresa petrolera Apache, hoy Yacimientos del Sur[5], a la hora de hacer ofertas para alquilar parte de sus tierras (áreas de entre 1 y 1,5 ha) para destinarlas a la explotación petrolera, a través de contratos bianuales de servidumbre (que se renuevan automáticamente). Las consecuencias de ello son evidentes: la economía regional basada en la explotación frutícola aparece cada día más devaluada, cada vez hay más chacras alquiladas, mientras avanza el paisaje extractivo, de la mano de las altas torres petroleras, las plataformas multipozos, los gasoductos y grandes depósitos de arena, y las largas filas de camiones de gran porte recorriendo los caminos y abriéndose paso por entre las plantaciones y el creciente desmonte.

En segundo lugar, respecto de los discursos públicos, el gobernador de Río Negro, Alberto Weretilneck, ha venido sosteniendo enfáticamente que ambas actividades, la hidrocarburífera y la frutícola, pueden convivir:

> "Mientras haya controles serios por parte del Estado no hay que tenerle miedo. Nosotros somos un Estado presente, ya sea desde la Secretaría de Hidrocarburos como desde la Secretaría de Medio Ambiente. El problema del fracking es fundamentalmente la captación y la devolución del agua que se utiliza. Mientras uno garantice que en la captación no va a haber inconvenientes con el abastecimiento de las poblaciones ni va a haber inconvenientes con los productores,

5 Los activos de la empresa norteamericana Apache en Argentina fueron vendidos a YPF a comienzos de 2014. Esta ha adoptado el nombre de Yacimientos del Sur.

> no hay ningún problema. En lo que es la devolución obviamente lo que hay que controlar es que toda el agua que se devuelva no afecte ni napas ni cursos de agua" (Río Negro, 28/8/2013).

Asimismo, el mandatario afirmaba que "este caso la provincia aún no tiene experiencias de *fracking* como se van a utilizar en Vaca Muerta por lo tanto es un tema que nosotros estamos investigando, aprendiendo para que en el momento que nos llegue a tocar estemos preparados" (Río Negro, 28/8/2013). Sin embargo, como hemos señalado, pese a las negativas del oficialismo, en Allen actualmente se explota un tipo de gas no convencional, el *tight gas*, utilizando para ello la metodología del *fracking* ("estimulación hidráulica"), tal como fue reconocido por Apache en su momento.[6]

Imagen 1: Allen. Detrás de la torre se avizoran los álamos que circundan los frutales.
Fuente: Proyecto Allen, Agosto de 2013.

6 Véase el mito 15.

Imagen 2: Un camión dirigiéndose a un pozo en Allen, transportando elementos para realizar la fractura hidráulica, tal como aparece escrito en inglés (Fracturing Technologies).
Fuente: Proyecto Allen, Agosto de 2013.

Pese a las declaraciones sobre la coexistencia de las actividades y la existencia de los controles públicos, el 19 de marzo de 2014 se registró una explosión de un pozo de tight gas, que dejó en claro la insostenibilidad de este discurso. Ese mismo día, desde la Asamblea Permanente del Comahue por el Agua (APCAAllen) "trataron de comunicarse con el Secretario de Medioambiente, pero la provincia de Río Negro ya no cuenta más con ese funcionario tras el ajuste que realizó el gobernador Alberto Weretilneck. En el lugar estaba el Secretario de Hidrocarburos, Daniel Giménez, quien no brindó ni explicaciones ni soluciones" (OPSur, 19/03/2014). Ante tal situación, resulta sorprendente que desde el gobierno provincial se hable de "controles serios por parte del Estado", cuando sucede que la Secretaría de Medio Ambiente ha sido eliminada en medio de un proceso de ajuste económico y todo depende de la Secretaría de Hidrocarburos, que pasa a ser juez y parte, como si no hubiera conflicto de intereses.

Así, detrás de un discurso oficial acerca de la "convivencia de actividades" no sólo hay ausencia de control estatal, sino también connivencia con las empresas petroleras, en el marco de una política que apuesta a convertir la extracción hidrocarburífera en una de las principales actividades de la provincia.

Un hecho que corrobora el carácter estratégico que ha adoptado la avanzada hidrocarburífera, por encima de la actividad frutícola, fue el fallo del Tribunal Superior de Justicia (TSJ) de la provincia de Río Negro, que en diciembre de 2013 declaró inconstitucional la ordenanza municipal anti-fracking que había sido sancionada por unanimidad por el Concejo Municipal de Allen en agosto de ese año.[7] Apelando al principio precautorio, dicha ordenanza había prohibido utilizar la fractura hidráulica. Finalmente, la estrategia adoptada por la intendenta del municipio, Sabina Costa, y el Ejecutivo provincial de no vetar la ordenanza protectora pero tampoco presentar argumentos frente a la Justicia Provincial para defenderla, pese a que ésta había sido votada por unanimidad en el Concejo Municipal, ilustró con claridad el realineamiento entre poder político, económico y judicial (Svampa y Viale, 2013c). (Véase también mito 16).

En suma, Allen aparece como el emblema de una economía regional amenazada por un tipo de explotación hidrocarburífera sumamente controversial, una economía regional cuya importancia estratégica viene retrocediendo en la agenda pública, frente a la decisión de las autoridades provinciales de apostar a que Río Negro se convierta en una provincia petrolera (Página/12, 12/03/2014). Más aún, en el contexto de renegociación de los contratos de la provincia con las compañías petroleras, en junio de 2014, la intendenta de la localidad declaró que "Allen se va a convertir en el mayor productor de gas, después de Vaca Muerta" (Noticias.net, 2014).

Pese a que por el momento el avance de la actividad hidrocarburífera menoscaba sobre todo a los pequeños productores, su expansión creciente afectará sin dudas la matriz productiva tradicional y el conjunto de los actores sociales y económicos involucrados, así como también a la localidad, su estilo de vida, su configuración social y urbana, con sus inevitables impactos ambientales y socio-sanitarios.[8]

7 Véase el spot realizado en 2013 por la organización *Proyecto Allen* sobre el tema, https://www.youtube.com/watch?v=0l0m_lICeI4

8 También se han registrado las primeras denuncias por impactos en la salud. En junio de 2014, en el marco de una investigación preliminar de la Justicia, Rubén Ibáñez, vecino que vive a unos pasos del pozo de hidrofractura que explotara en marzo de ese año, realizó una denuncia "por residuos peligrosos", a raíz de los efectos que la actividad hidrocarburífera tendría sobre su salud. En ese marco, se allanaron el hospital y una clínica (Río Negro, 13/6/2014).

Fuentes consultadas

Alvaro, María Belén (2013), Estrategias de reproducción social en la producción familiar capitalizada, Los chacareros del Alto Valle de Río Negro, Buenos Aires, La Colmena

Brando (Romina Zanellato) (2013), "Vaca Muerta: Esperando el milagro", 13 de septiembre de 2013, disponible en: http://www.conexionbrando.com/1619599

Cartago web (Martín Álvarez) (2014), "La madre del borrego: Vaca Muerta / parte I (El Hospital)", 23 de marzo de 2014, disponible en: http://www.cartagoweb.com.ar/2014/03/la-madre-del-borrego-vaca-muerta-parte-i/

Clarín (2014), "En Vaca Muerta ya comenzó a construirse un barrio cerrado de lujo", 21 de junio de 2014, disponible en: http://www.clarin.com/politica/Vaca-Muerta-construir-barrio-cerrado_0_1160884066.html

di Risio, Diego et al. (2012), Zonas de Sacrificio. Impactos socio ambientales de la industria hidrocarburífera en Salta y Norpatagonia, Buenos aires, América Libre/Observatorio Petrolero Sur.

Larraquy Marcelo (2013), "Vaca Muerta: Tierra de sacrificio, de temor y de esperanza", en diario *Clarín*, 21 de julio de 2013, disponible en: http://www.clarin.com/zona/Vaca-Muerta-tierra-sacrificio-esperanza_0_959904088.html

Mapuexpress (Felipe Gutiérrez) (2014), "Para nosotros el petróleo no es una elección de vida, la gente se muere de cáncer", 20 de marzo de 2014, disponible en: http://mapuexpress.org/werken-maliqueo-tras-cruce-con-pichetto-para-nosotros-el-petroleo-no-es-una-eleccion-de-vida-la-gente-se-muere-de-cancer/

Noticias.net (2014), "Allen se va a convertir en el mayor productor de gas después de Vaca Muerta", 30 de junio de 2014, disponible en: http://www.noticiasnet.com.ar/?se=102&id=181331

Observatorio de Derechos Humanos de Pueblos Indígenas - ODHPI (2013), "Informe de situación de los Derechos Humanos de los Pueblos Indígenas en la Patagonia. Neuquén", disponible en: http://odhpi.org/2013/04/2714/

OPSur (2010) "Era un apriete permanente, llevar adelante ese juicio contra Repsol nos costó mucho", 27 de enero de 2010, disponible en: http://wp.me/p1NWJb-1I7

--- (Cartago web) (2014), "Explosión de pozo de Apache en Allen", 19 de marzo de 2014, disponible en: http://wp.me/p1NWJb-fZN

Página/12 (2014), "Río Negro se consolida como una provincia petrolera", 12 de marzo de 2014, disponible en: http://www.pagina12.com.ar/diario/ultimas/20-241660-2014-03-12.html

Parlamentario.com (2014), "Pichetto descalificó a la comunidad mapuche que impugnó el acuerdo con Repsol", 18 de marzo de 2014, disponible en: http://www.parlamentario.com/noticia-70345.html

Proyecto Allen (2013), "No al fracking" en http://www.proyectoallen.com.ar/3/?cat=3. https://www.youtube.com/watch?v=0l0m_lICeI4

Río Negro (2013), "Mapuches anuncian que cerrarán el paso a Chevron", 11 de julio de 2013, disponible en: http://www.rionegro.com.ar/diario/mapuches-anuncian-que-cerraran-el-paso-a-chevron-1205207-9544-nota.aspx

--- (2013), "Weretilnek: Petróleo y fruta pueden convivir". 23 de agosto de 2013, disponible en: http://www.rionegro.com.ar/diario/weretilneck-petroleo-y-fruta-pueden-convivir-1236411-9701-nota.aspx

--- (2014), "Allanaron el hospital, una clínica y un centro de imágenes de Allen", 13 de junio de 2014, disponible en: http://www.rionegro.com.ar/diario/allanaron-el-hospital-una-clinica-y-un-centro-de-imagenes-de-allen-2720004-62202-nota.aspx

Rocha, Laura (2014), "Condena al fracking en Texas", blog en La Nación, 3 de mayo de 2014, disponible en: http://blogs.lanacion.com.ar/ecologico/author/lrocha/

Revista Petroquímica (2014), "Añelo, el pueblo que quiere ser ciudad de la mano de Vaca Muerta", 8 de abril de 2014, disponible en: http://revistapetroquimica.com/anelo-el-pueblo-que-quiere-ser-ciudad-de-la-mano-de-vaca-muerta/

Svampa, Maristella y Viale, Enrique (2013a), "Mitos y omisiones de los defensores del fracking", en diario *Río Negro*, 23 de septiembre de 2013, disponible en: http://www.rionegro.com.ar/diario/mitos-y-omisiones-de-los-defensores-del-fracking-1257314-9539-nota.aspx

--- (2013b), "El reduccionismo serial de los defensores del fracking", en diario *Río Negro*, 9 de octubre de 2013, disponible en: http://www.rionegro.com.ar/diario/el-reduccionismo-serial-de-los-idolos-del-fracking-1271045-9539-nota.aspx

--- (2013c), “Allen, fracking y realineamiento de poderes”, en diario *Río Negro*, 4 de diciembre de 2013, disponible en: http://www.rionegro.com.ar/diario/allen-fracking-y-realineamiento-de-poderes-1399053-9539-nota.aspx

--- (2014), Maldesarrollo. La Argentina del extractivismo y el despojo, Buenos Aires, Editorial Katz.

Upside Down World (Darío Aranda) (2013), “Sangre en la Argentina profunda”, 13 de febrero de 2013, disponible en: http://upsidedownworld.org/main/en-espatopmenu-81/4126-sangre-en-la-argentina-profunda

Tortosa, José María (compilador) (2011), *Maldesarrollo y mal vivir. Pobreza y violencia a escala mundial,* Quito, Editorial ABYA-YALA.

Quinto eje:
Controles ambientales. Participación ciudadana. Derechos humanos

14 - ¿Es posible apelar al principio precautorio para prohibir o suspender la actividad o éste es susceptible de múltiples interpretaciones? ¿Cuál es la normativa ambiental vigente? ¿Se puede prohibir la técnica del fracking?

Aportes de Enrique Viale

El principio precautorio se encuentra expresamente incluido en nuestra legislación nacional, a través de la Ley 25.675 General del Ambiente, sancionada en 2002. El principio precautorio fue enunciado inicialmente por el Panel Intergubernamental sobre el Cambio climático, creado en 1987, por decisiones congruentes de la Organización Meteorológica Mundial y el Programa de Naciones Unidas para el Medio Ambiente. Lo recogió la Declaración Ministerial de la II Conferencia Mundial del Clima, para aparecer consagrado en el inciso 3 del artículo 3° del Convenio Marco sobre el Cambio Climático, negociado entre febrero de 1991 y mayo de 1992, bajo los auspicios de las Naciones Unidas. También, aparece como principio 15 en la Declaración de Río sobre el Medio ambiente y Desarrollo en 1992.[1] Este constituye uno de los

1 En los Principios N° 15 y 17 de la Declaración de Río, en 1992, quedaron plasmados los principios preventivo y precautorio. "15: Con el fin de proteger el medio ambiente, los Estados deberán aplicar ampliamente el criterio de precaución conforme a sus capacidades. Cuando haya peligro de daño grave o irreversible, la falta de certeza científica absoluta no deberá utilizarse como razón para postergar la adopción de medidas eficaces en función de los costos para impedir la degradación del medio ambiente [...] 17: Deberá emprenderse una evaluación del impacto ambiental,

cuatro principios incorporados al artículo 130 R-2, en que el tratado de Maastricht de la Unión Europea fundamenta la Acción de la Comunidad.[2]

En nuestro país, la Ley General del Ambiente consagra la aplicación de principios ambientales, entre otros, Preventivo, Precautorio y de Sustentabilidad. Esta ley obliga, al interpretar las normas de protección ambiental –sean nacionales, provinciales o municipales–, a respetar los principios enunciados en su art. 4°:

> "La interpretación y aplicación de la presente ley, y de toda otra norma a través de la cual se ejecute la política ambiental estarán sujetas al cumplimiento de los siguientes principios:
>
> [...] Principio de prevención: las causas y las fuentes de los problemas ambientales se atenderán en forma prioritaria e integrada, tratando de prevenir los efectos negativos que sobre el ambiente se puedan producir.
>
> Principio precautorio: la ausencia de información o certeza científica no será motivo para la inacción frente a un peligro de daño grave o irreversible en el ambiente, en la salud o en la seguridad pública...
>
> Principio de sustentabilidad: el desarrollo económico y social y el aprovechamiento de los recursos naturales deberán realizarse a través de una gestión apropiada del ambiente, de manera tal, que no comprometa las posibilidades de las generaciones presentes y futuras."[3] (Ley General del Ambiente, art. 4º)

Estos principios ambientales sirven como criterio orientador del derecho para el operador jurídico, son las líneas directrices que se utilizan también para promover y encauzar la aprobación de nuevas normas, orientar la interpretación de las existentes y resolver los casos no previstos. Estos principios constituyen la columna vertebral y el cimiento fundamental del sistema jurídico ambiental.

Al hablar de daño al ambiente no se está hablando siempre de un daño concreto resultado de una conducta, sino que se habla de un daño

---

en calidad de instrumento nacional, respecto de cualquier actividad propuesta que probablemente haya de producir un impacto negativo considerable en el medio ambiente y que esté sujeta a la decisión de una autoridad nacional competente".

2 Véase al respecto Andorno, 2002; Goldenberg, Isidoro y Cafferatta, Néstor, 2002, y la amplísima bibliografía citada en dicho trabajo de investigación.

3 El principio de sustentabilidad repite con otro lenguaje el principio de "equidad intergeneracional".

potencial, ya que no sólo se trata de la aplicación de un "remedio" sino de la prevención del mismo, de evitar que se produzcan los daños para no tener que "remediarlos". El derecho ambiental, en su raíz constitucional, es fundamentalmente prevención. Así surge del imperativo contenido en el art. 41 de la Carta Magna. Para el derecho ambiental, el daño ambiental debe prevenirse incluso a costa de la prohibición de actividades económicas. En este sentido, la doctrina judicial ha llegado a decir que "asignamos a la prevención en este terreno una importancia superior a la que tiene otorgada en otros ámbitos, ya que la agresión al medio ambiente se manifiesta en hechos que provocan, por su mera consumación, un deterioro cierto".[4]

En la precaución no se actúa sobre riesgos ciertos (como ocurre con la prevención), sino sobre riesgos inciertos. No se sabe con certeza si algo puede causar un daño y, consecuentemente no se sabe si algo puede ser dañado. En cambio, el Principio de Prevención opera sobre la certidumbre, es decir sobre los efectos o impactos de la acción que pueden identificarse, valorarse, y por lo tanto corregirse en la fuente, mitigarse o evitarse. La precaución opera en un ámbito en el que domina la incertidumbre, ante la posibilidad de un peligro de daño grave o irreversible, no se sabe si el daño efectivamente se producirá.[5] En contra de lo que pudiera parecer, el principio precautorio no supone una resistencia al concepto de "desarrollo". Por el contrario, de lo que se trata es de incentivar las propuestas de modos alternativos de "desarrollo", que sean compatibles con el ambiente y la calidad de vida de las generaciones presentes y futuras.

Así, la experiencia y los estudios técnicos demuestran que el *fracking* es un terreno cargado de grandes incertidumbres. En función de la controversia que rodea esta técnica experimental, como vimos, han surgidos resistencias sociales en distintas partes del globo. Gracias a dichas resistencias, el *fracking* fue prohibido en Francia y Bulgaria, así como en Vermont (Estados Unidos) y Quebec (Canadá), mientras que en Nueva York, Los Ángeles y varias regiones de Europa se

4 "Almada, Hugo v. Copetro S.A. y otros" SCJBA, Acuerdo 2078 del 19-5-98, L.L. 1999-C-1129; idem. "Ancore S.A y otros v. Municipalidad de Daireaux", SCJBA, 19-2-2002, bajo anotación de ESAIN, José: "El Derecho Agrario Ambiental y la cuestión de los feed lots", publicado en Buenos Aires/ 6 de noviembre 2002/ JA 2002- IV, fascículo n. 6.

5 El principio precautorio obliga a las autoridades –tal como señala Morales Lamberti– a guiar su accionar en la prevención de riesgos sobre la base de antecedentes razonables, aún cuando no exista la prueba o la certeza absoluta del daño.

han aprobado moratorias (suspensión).[6] En 2011, la entonces ministra francesa de Ambiente, Delphine Batho, invocó el principio precautorio y ratificó la prohibición del *fracking* en dicho país, asegurando que "en ninguna parte del mundo se demostró que esta explotación pueda hacerse sin daños considerables para el entorno y para la salud humana" (Fundavida, 04/02/2013). En octubre de 2013, el Tribunal Supremo de Justicia de Francia declaró válida y constitucional la ley que prohíbe la fracturación hidráulica en ese país (Fittipaldi, 2013).

Pero las limitaciones propias de los principios jurídicos ambientales están relacionadas con que éstos fueron construidos y aplicados en el marco de un sistema jurídico forjado desde la perspectiva moderna. Vemos alarmados que la aplicación de los novedosos principios ambientales –como el preventivo y precautorio– son silenciados e incluso interpretados en contra de cualquier obstáculo legal que pueda surgir para impedir el desenvolvimiento pleno del crecimiento económico infinito que está transformando en mercancía cada uno de los satisfactores de las necesidades humanas y elementos de la Naturaleza (Giarracca y Viale, 2009).

En lugar de que la ausencia de certeza científica genere la obligación de actuar precautoriamente, la falta de certidumbre es utilizada para "legalizar" la mayoría de las nuevas sustancias y actividades que incontroladamente se autorizan por parte de las autoridades. Peor aún, se les exige a las comunidades perjudicadas por estos químicos que carguen con la ciclópea tarea de acreditar científicamente su peligrosidad, cuando, por aplicación del principio señalado, junto con otros principios ambientales, son los que introducen una técnica de extracción de hidrocarburos en la sociedad quienes tienen la responsabilidad de probar irrefutablemente su inocuidad (Giarracca y Viale, 2010).[7] Parafraseando al mexicano Pedro Medellín Milán, en lugar de aplicarse el Principio Precautorio se utiliza el "Principio Temerario": si algo deja buenas ganancias y da ventajas en el dominio del mercado, se hace aunque no conozcas bien sus implicancias en la salud de las personas y en el ambiente.

---

6 Véase el mito 15. Para una actualización de la cartografía de prohibiciones y moratorias, véase: http://www.opsur.org.ar/blog/category/producciones-opsur/mapas/

7 En efecto, por aplicación del principio precautorio son las empresas y los gobiernos los que tienen que demostrar la inocuidad de las técnicas de extracción a través de la fracturación hidráulica. De otra manera se aplicaría el principio precautorio al revés.

¿Cuál es la normativa ambiental vigente? ¿Se puede prohibir la técnica del *fracking*?

Nos parece importante analizar la factibilidad jurídica de que una norma pueda prohibir, sin más, una determinada técnica de extracción como la del *fracking*. Las leyes ambientales pueden –y deben, cuando se trata de proteger los ecosistemas– establecer una tutela rigurosa y exigente y no encuentra ninguna contradicción constitucional la prohibición –lisa y llana– de determinadas tecnologías. Estas prohibiciones se proponen, en lenguaje del Derecho Ambiental, un fin de sustentabilidad del desarrollo económico, social y del aprovechamiento de los recursos naturales[8] que no comprometa las posibilidades de desarrollo tanto de las generaciones presentes como de las futuras.

Por ello, el propio Congreso Nacional, ha establecido varias normas ambientales prohibiendo el desarrollo de determinadas actividades o técnicas, o su instalación en determinados sitios o el uso de ciertos elementos o sustancias. Lo ha hecho a través de las siguientes leyes, las cuales se encuentran vigentes:

- Ley Nº 25.670 de Presupuestos Mínimos para la Gestión y Eliminación de PCBs: en esta norma se establece la prohibición de ingreso al país de PCBs, de equipos que los contengan, y las actividades de producción, comercialización y reposición en equipos en uso.
- Ley N° 25.916 de Gestión de Residuos Domiciliarios: establece que los centros de disposición final deberán ubicarse en sitios suficientemente alejados de áreas urbanas, sumando la prohibición de su emplazamiento dentro de áreas protegidas o sitios que contengan elementos significativos del patrimonio natural y cultural, como también en sitios inundables.
- Ley N° 26.331 de Presupuestos Mínimos de Protección Ambiental de los Bosques Nativos: prohibió los desmontes durante el plazo de Ordenamiento Territorial Ambiental del bosque nativo; prohíbe los desmontes en las áreas clasificadas como Categorías I (rojo) y II (amarillo) y prohíbe la quema a cielo abierto de los residuos derivados de desmontes o aprovechamientos sostenibles.
- Ley N° 26.562 de Presupuestos Mínimos de Protección Ambiental para el Control de Actividades de Quema en todo el territorio nacional: establece la prohibición de toda actividad de quema que no

8 Existe un imperativo constitucional (art. 41) de preservación y desarrollo basado en patrones de sustentabilidad.

cuente con la debida autorización, la cual sólo puede otorgarse en el marco del cumplimiento de condiciones específicas.

- Ley 26.639 de Presupuestos Mínimos de Protección de los Glaciares y el Ambiente Periglacial: su artículo 6º prohíbe en los glaciares "la exploración y explotación minera e hidrocarburífera", y establece que "se incluyen en dicha restricción aquellas que se desarrollen en el ambiente periglacial".

Por su parte, el Código de Minería de la Nación, establece expresas prohibiciones de emprenderse trabajos mineros en determinadas circunstancias o áreas.[9] Estas razonables prohibiciones, de realizar trabajos mineros en cercanías de lugares que se pretenden preservar por distintas motivaciones, nunca han recibido objeciones doctrinarias y jurisprudenciales.

En todas estas leyes el Congreso Nacional, al igual que los restantes poderes en los distintos niveles de la federación, tiene la responsabilidad de proveer a la protección del derecho a gozar de un ambiente sano y equilibrado, garantizando el goce del mismo a las presentes y futuras generaciones. En esta línea, se encuentra plenamente facultado a través del art. 41 de la Constitución Nacional para dictar normas de protección ambiental que establezcan prohibiciones y requerimientos en aras de una mejor calidad ambiental, y con base en los Principios de Prevención, Precaución, Equidad Intergeneracional y Sustentabilidad, que son derecho positivo en Argentina a través de la Ley General del Ambiente.

9 Código de Minería. "Art. 36 –No pueden emprenderse trabajos mineros en el recinto de los cementerios, calles y sitios públicos; ni a menor distancia de CINCUENTA (50) metros de los edificios, caminos de hierro, carreteros, acueductos y ríos públicos. Pero la autoridad acordará el permiso para penetrar ese radio, cuando previo el informe de un ingeniero y los comprobantes que los interesados presentaren, resulte que no hay inconveniente, o que, habiéndolo, puede salvarse (…)".

Fuentes consultadas

Andorno, Roberto (2002), *El principio de precaución: un nuevo estándar jurídico para la Era Tecnológica*, Buenos Aires, La Ley.

Esain, José (2002), “El Derecho Agrario Ambiental y la cuestión de los feed lots”, Jurisprudencia Argentina JA 2002- IV, fascículo Nº 6, 6 de noviembre 2002.

Fitilpaldi, Juan (2013), “Prohibir la fractura hidráulica es constitucional en Francia”, en diario *Río Negro*, 23 de noviembre de 2013, disponible en: http://www.rionegro.com.ar/diario/prohibir-la-fractura-hidraulica-es-constitucional-en-francia-1384280-9539-nota.aspx

Fundavida, (2013), “Francia ratifica la prohibición del fracking en su territorio”, 4 de febrero de 2013, disponible en: http://www.fundavida.org.ar/web2.0/2013/02/04/francia-ratifica-la-prohibicion-del-fracking-en-su-territorio/#.U8r9EuN5OE4

Giarracca, Norma y Viale, Enrique (2009), “Ciencia y principio precautorio”, en diario *Página/12*, 30 de Mayo de 2009, disponible en: http://www.pagina12.com.ar/diario/universidad/10-125771-2009-05-30.html

--- (2010), “El principio precautorio al revés”, en diario *Página/12*, 15 de Noviembre de 2010, disponible en: www.pagina12.com.ar/diario/elpais/1-156905-2010-11-15.html

15 - ¿Cuáles son las provincias en donde ha avanzado la exploración y explotación de yacimientos no convencionales? ¿Cuál es el estado de las luchas contra el fracking en Argentina? ¿Ha habido accidentes en los pozos de gas no convencional en nuestro país?

Aportes de Maristella Svampa, Observatorio Petrolero Sur, Roberto Ochandio y Eduardo D´Elia

Durante el año 2013 el activo asambleario y la acumulación de experiencias vinculados a la temática extractiva se hicieron manifiestos en tres niveles: el de la búsqueda de información independiente (confección de folletos, materiales relativos a lo que sucedía en otros países, organización de foros y reuniones de discusión); la acción directa (movilizaciones y protestas); y el de la acción institucional, exigiendo la participación ciudadana y promoviendo la sanción de nuevas normas (ordenanzas municipales y proyectos de ley de prohibición a nivel nacional como provincial), así como acciones judiciales (amparos).

Hubo ONGs que priorizaron el tratamiento informativo del tema, entre ellas Observatorio Petrolero Sur (vinculada a nivel global con OilWatch) y Fundación Ecosur, que tempranamente se dedicaron a tomar contacto con las poblaciones afectadas y a elaborar y divulgar información sobre la metodología de la fractura hidráulica proveniente de fuentes independientes del lobby petrolero. Asimismo, a lo largo del año 2013, diferentes dirigentes políticos y sociales con trayectoria en el tema vinculado a los recursos naturales, acompañaron los procesos de lucha y presentaron propuestas de ley, apuntando a la prohibición del *fracking*. Entre ellos estuvieron Fernando Pino Solanas, de Proyecto Sur,[1] y dirigentes provinciales pertenecientes a partidos de la oposición (en Neuquén, Río Negro, Chubut, Entre Ríos y Buenos Aires, entre las principales), el sector no oficialista de la Central de Trabajadores Argentinos y algunos referentes nacionales de partidos de izquierda. También fueron activas diferentes organizaciones de derechos humanos como el Serpaj, bajo la dirección de Adolfo Pérez Esquivel, la APDH, espacios de intelectuales como Plataforma 2012, la Asociación de Abogados Ambientalistas de Argentina, además de ONGs ambientalistas y otros profesionales críticos. Asimismo, se promovió un sitio de divulgación que nuclea a intelectuales y artistas.[2]

Desde los primeros anuncios formulados por las autoridades y empresas el fracking ha avanzado en tres provincias de la Patagonia: Neuquén, Río Negro y Chubut.

En *Neuquén*, a principios de 2014 el gobierno afirmaba que se contaban 380 pozos en producción, 179 perforados para arenas compactas y 201 para esquistos. El gas no convencional en esa provincia, según estimaciones oficiales, representa cerca del 20% de la producción, mientras que en el caso del crudo, llega al 10% (Gobierno de la Provincia de Neuquén, 2014). Del total de pozos perforados para esquistos, 150 corrieron por cuenta de YPF. El primer pozo se realizó en territorio de la Comunidad Gelay Ko, cerca de la localidad de Zapala, sin consulta a la población involucrada, tal como lo establece el Convenio 169 de la OIT. Justamente el nombre de la comunidad, refiere a esa situación, Gelay Ko: sin agua. En dicho territorio, la empresa norteamericana Apache entró sin autorización, cuando la mayoría de las familias se habían trasladado a los campos de veraneada en la Cordillera.[3] Como aparece en el cuadro, dicho pozo de *fracking* utilizó 30 millones de litros de agua y tuvo un costo final estimado de 24 millones de dólares. En un territorio árido, donde las comunidades carecen de agua, Apache extrajo agua del acuífero Zapala.

---

1 Fernando Pino Solanas realizó un documental, "La guerra del fracking", estrenado en octubre de 2013 y disponible en youtube. El primer documental sobre el tema en el país es "Neuquén. Río Impetuoso. Hidrofractura: El agua, el aire, la tierra...la muerte", realizado por Matías Estévez, y producido por la Asociación de Trabajadores del Estado y la CTA, disponible en: http://www.youtube.com/watch?v=Ru9-pQVfGKo

2 Véase el sitio: http://argentinasinfracking.org/

3 Apache alega "legalidad", pues dice haber consultado a la directiva de la comunidad, cuando en realidad lo hizo sólo a una parcialidad. Por esta razón, los comuneros señalan que la empresa ha buscado deliberadamente promover el conflicto y la fragmentación al interior de las comunidades.

Sin embargo, la penetración petrolera en territorio mapuche, en Zapala y sus alrededores, es muy anterior. Sólo en el área Anticlinal Campamento, que se extiende sobre la comunidad Gelay Ko, hay aproximadamente 200 pozos de petróleo y gas, además funcionan varias plantas compresoras de gas, baterías, oleoductos y gasoductos. Si bien, como en la mayor parte del país, YPF estatal fue la primera en ingresar, desde la década del '90 pasaron por allí diferentes operadoras como Alberta, Pioneer Natural Resources y Apache.

Por su parte, siempre en la provincia de Neuquén, YPF hizo lo propio en la zona de Loma de la Lata y la francesa Total (recordemos que en su país de origen el fracking está prohibido) perforó un pozo con la técnica de fracking, nada menos que dentro de una reserva natural, Auca Mahuida.

ACO.xp-2001h – 1º Pozo Horizontal Multifractura de Latinoamérica
POZO ANTICLINICAL – ZAPALA
1. Pozo piloto vertical: 4.123m, evaluación de la roca y extracción de testigos.
2. Punto de desvío (kick-off): 2850 metros.
3. Pozo horizontal final: 4.452 metros de longitud, 3.600m de profundidad final y 900 metros en el tramo horizontal.
1. Terminación: Diez fracturas (9 exitosas) – 30.000 bolsas de arena (1.500 Ton.) + 30.000 m3 de agua.
2. Potencia utilizada: 32.000 HP (16 camiones de fractura) con 12.000 psi de presión.
1. Inicio de operaciones: 14 de noviembre de 2010 (173 días de perforación + 61 días de terminación de la fecha).
2. Costo final estimado: 24 millones de dólares.

Cuadro 1: Primer Pozo de fracking en Argentina, Anticlinal, Zapala, Neuquén. Realizado por APACHE.
Fuente: Miguel Lavia - Julio Shiratori (2011), Apache Energía Argentina S.R.L.

En la provincia de *Río Negro* la petrolera Apache Corporation, instalada desde 2006, avanzó con las perforaciones entre plantaciones de peras y manzanas en el ejido municipal de Allen (área Estación Fernández Oro), utilizando en varias oportunidades la fractura hidráulica, pese a las negativas oficiales y empresariales, luego finalmente reconocidas.

En febrero de 2014 los activos locales de Apache fueron vendidos a YPF por un valor de U$S 800 millones (La Nación, 13/02/2014) y la compañía pasó a denominarse Yacimientos del Sur.

En ese sentido, hay que destacar que la estrategia del gobierno rionegrino fue diferente a la del neuquino, ya que durante 2013 el oficialismo negaba que se estuviera empleando la técnica del *fracking*, aun si con ello saltaban ciertas contradicciones entre el gobernador Weretilneck, quien sostenía que no había *fracking* en Allen, y el senador Pichetto, quien afirmaba:

> "Nuestra provincia no tiene Vaca Muerta, no hay que hacer un sistema de extracción petrolera con el mecanismo de *fracking, ha habido a lo mejor algunas experiencias que se han hecho en uno o dos pozos de Allen*, pero de ninguna manera el sistema petrolero rionegrino es un sistema que no use los métodos convencionales" (Noticias.net, 17/9/2013, énfasis propio).

Así, a diferencia del gobernador, el senador Pichetto confirmaba lo que los vecinos de Allen venían denunciando: que ya se habían comenzado a hacer "uno o dos pozos" de *fracking* en la localidad. Esto efectivamente sucedió hacia el 15 de agosto de 2013, cuando una flota de entre 25 y 40 camiones de gran porte, transportando arena y sustancias químicas, llegó hasta la localidad y se desplazó luego a la zona de chacras.

Por su parte, la empresa Apache, en una solicitada publicada en el diario Río Negro, no negaba que se estuviera haciendo "estimulación hidráulica", o sea *fracking*. Como otras empresas, minimizaba el impacto ambiental, la utilización del agua, las sustancias químicas peligrosas, la ocupación de tierras, insistiendo en la idea de la coexistencia entre ambas actividades. También omitía información crucial, por ejemplo, que en Allen hay por lo menos 160 pozos de gas, que la progresión ha ido en aumento en los últimos tres años, que a través de contratos de servidumbre que incluyen de 1 a 1,5 hectáreas se realiza una utilización intensiva del territorio, a través de plataformas multipozos y que no hay datos sobre el destino final del fluido de retorno.

En *Chubut,* la petrolera de bandera también avanzó con los no convencionales en la cuenca del Golfo San Jorge, donde perforó dos pozos de exploración, uno de los cuales –en el área El Trébol– fue inaugurado por cadena nacional por la presidenta de la Nación, sin que en ningún momento se pronunciara la palabra tan temida "fractura hidráulica" o "*fracking*". Como veremos más abajo, tanto en relación a este pozo como a otro perforado en el área La Greta fueron presentados recursos de amparo.

Por último, cabe señalar que en plena euforia no convencional los anuncios se extendieron a varias regiones que incluían provincias sin trayectoria en hidrocarburos, como Entre Ríos y Buenos Aires, con sus "cuencas de frontera" Chaco Paranaense y Claromecó. Sin embargo, este impulso inicial, que tuvo un fuerte componente publicitario, generó un efecto boomerang, traduciéndose en importantes resistencias de parte de la población, particularmente en Entre Ríos, donde la actividad hidrocarburífera fue identificada como una grave amenaza al Acuífero Guaraní, una de las principales reservas de agua dulce de Sudamérica. Si bien no se descarta que en algún momento autoridades y corporaciones vuelvan a posar sus ojos sobre esas regiones, consumar proyectos extractivos en la actualidad demandaría una cantidad de tiempo e inversiones –sobre todo en prospección y exploración– que exceden las urgencias del Gobierno e YPF.

¿Cuál es el estado de las luchas contra el fracking en Argentina?

Con anterioridad a la firma y aprobación del convenio de YPF con Chevron las poblaciones comenzaron a manifestar fuertes resistencias contra el avance de la explotación de los hidrocarburos no convencionales, apelando para ello a varios argumentos, entre ellos, el principio precautorio y la defensa de los derechos colectivos de los pueblos originarios. Los protagonistas de estas resistencias son comunidades de pueblos originarios y nuevas asambleas y colectivos de vecinos autoconvocados, además de organizaciones sociales y políticas, que en gran medida se nutrieron de la experiencia de las asambleas contra la megaminería y contra la instalación de las pasteras en Fray Bentos (Uruguay). Para el caso de Entre Ríos, espacios asamblearios tales como Entre Ríos Libre de *Fracking* (Paraná), la Asamblea Popular Ambiental de Colón, la Asamblea Ciudadana Concordia, entre tantas otras, estuvieron a la cabeza de la sanción de ordenanzas municipales que prohíben el *fracking*.

Por las razones enunciadas más arriba, la Patagonia fue una de las regiones de expansión de colectivos asamblearios, entre ellos, la Asamblea Permanente del Comahue por el Agua (APCA), con diferentes organizaciones de base, en la ciudad de Neuquén y Allen, entre las más relevantes; asimismo, se destaca la Multisectorial contra la Fractura Hidráulica, de Neuquén, que nuclea a organizaciones sociales, sindicales e indígenas y la Asamblea Ambiental de Río Gallegos y la Asamblea de

Zapala, entre otras. Las comunidades indígenas, a través de las representaciones zonales de la Confederación Mapuche del Neuquén –como la Centro y la Xawvn Ko– estuvieron muy activas en los conflictos, colocando el tema en el marco de la memoria larga de la expoliación y de la contaminación de sus territorios.

Las movilizaciones en contra del *fracking* también han encontrado el apoyo del obispo de Neuquén, Virgilio Bressanelli, quien en marzo de 2014 difundió una cartilla sobre el *fracking* para advertir sobre los "temores" que éste suscita, no sólo en Argentina sino en otros países, y sobre la escasa credibilidad de las empresas y del gobierno neuquino. El obispo volvió a colocar preguntas, instalar dudas, señalar incertidumbres y recordar hechos recientes de contaminación. También señaló la importancia del principio precautorio, la licencia social y la criminalización de la protesta, retomando un documento firmado por el Concejo Episcopal Latinoamericano en el Perú, en 2011. Finalmente, puso en tela de juicio la independencia de las universidades públicas que reciben dinero de las mineras (Río Negro, 07/03/2014).

Bressanelli, quien continúa la labor del recordado Monseñor Jaime De Nevares en la defensa de la vida, no es un recién llegado en la temática ambiental, a la cual sigue hace años: intervino en Esquel, hace más de una década, cuando se cuestionó la megaminería y siguió de cerca lo ocurrido en la localidad neuquina de Loncopué, donde la población logró frenar el avance sobre el cerro Campana Mahuida a través de un plebiscito realizado en 2012.

A nivel nacional, entre diciembre de 2012 y mayo de 2014, se sancionaron una treintena de ordenanzas municipales que prohíben el *fracking* en distintas localidades del país. La ciudad valletana de Cinco Saltos, en la provincia de Río Negro, fue pionera, en diciembre de 2012 se convirtió en el primer municipio libre de *fracking* del país y de América Latina.[4] Pese a que el Concejo Municipal de esa localidad sintió todo el peso de la admonición, pues semanas después la intendenta vetó la ordenanza 1049, respondiendo a las presiones del senador oficialista Miguel Angel Pichetto y del gobernador Alberto Wereltinek, la primera norma anti-*fracking* del país quedó firme. El veto había sido realizado fuera del plazo establecido por la Carta Orgánica municipal.[5]

4 Para el tema, véase la entrevista de Cartago tv al concejal José Chandía, del Partido Comunista, quien presentó el proyecto de ordenanza y se ha constituido en uno de los referentes más importantes sobre la cuestión (Cartago tv, 14/08/2013)

5 Luego de convertirse en la primera localidad libre de *fracking*, en Cinco Saltos

Los caminos elegidos para frenar el *fracking* fueron diversos, desde la abierta prohibición de la técnica a ordenanzas que protegen el agua y regulan su uso, pasando por moratoria –como es el caso de Tres Arroyos–. Listamos los municipios, por provincia y en el orden temporal en que se fueron sucediendo.

MUNICIPIOS QUE SANCIONARON ORDENANZAS QUE PROTEGEN EL AGUA/PROHIBEN LA TECNICA DEL FRACKING
Entre Ríos
San Jaime de la Frontera, Concepción del Uruguay, Colón, Diamante, Colonia Avellaneda, Rosario del Tala, La Paz, Villaguay, Villa Elisa, Villa del Rosario, General Ramírez, San Ramón (Junta de Gobierno), San Pedro (Junta de Gobierno), Viale, Cerrito, Crespo, María Grande, Victoria.
Río Negro
Cinco Saltos, Allen (inconstitucional por el Superior Tribunal), Villa Regina.
Mendoza
San Carlos, Tunuyán, Tupungato, General Alvear.
Buenos Aires
Carmen de Patagones, Tornquist, Coronel Suárez, Guaminí, Coronel Dorrego, Tres Arroyos (moratoria); Tandil, Benito Juárez
Chubut
Epuyén, Puerto Pirámides.
Neuquén
Zapala.

Fuente: Elaboración propia. Actualización al 30/06/2014.

Todas estas ordenanzas apelan al principio precautorio, haciendo hincapié tanto en el impacto sobre la salud humana y sobre el agua, en el debate y la legislación internacional existente (prohibiciones y moratorias), así como también al derecho a participar y decidir de las poblaciones.

En medio de la euforia eldoradista, hubo varios fallos judiciales sobre el tema. Entre ellos, vale la pena mencionar los siguientes: en Chubut, en mayo de 2013, Marcelino Pintihueque, del Lof Mapuche Comarca

se inició un proceso de movilizaciones para impedir la instalación de un basurero petrolero, en una ciudad que no produce petróleo. Véase: http://argentina.indymedia.org/news/2013/11/850080.php

Chubut, patrocinado por la abogada Silvia de Los Santos, presentó un recurso de amparo en la Justicia Provincial para impedir la perforación del pozo de *fracking* La Greta, ubicado a 15 km. de Río Mayo –sobre el margen del río del mismo nombre–, invocando, entre otros argumentos, el Convenio 169 de la OIT.[6] Aunque YPF apeló, el Superior Tribunal de Justicia de Chubut rechazó el pedido y hasta la fecha de cierre de este libro (junio de 2014), había mantenido la suspensión del pozo de *fracking*.

Casi simultáneamente Pintihueque y De Los Santos presentaron otro recurso de amparo para impedir la perforación del pozo Exp. 914, en el área El Trébol, a unos 20 kilómetros al oeste de Comodoro Rivadavia. En este caso se esgrimieron los mismos argumentos pero, debido a la lentitud de la Justicia Provincial, YPF pudo completar el pozo antes que se hiciera lugar a la medida cautelar. Finalmente la Justicia levantó la acción cautelar, decisión que fue apelada ante el Superior Tribunal de Justicia de Chubut. Recordemos que este pozo tiene una alta visibilidad: no sólo es el que inauguró la Presidenta de la Nación en febrero de 2013, sino que tiene los ojos de la industria pendiente de su buen resultado: una exploración exitosa podría dar lugar al comienzo de operaciones de *fracking* en la Cuenca del Golfo San Jorge. Como detalle no menor debemos señalar que este pozo atraviesa el acuífero El Trébol, el cual alimenta la parte sur de la ciudad de Comodoro Rivadavia, y que los vecinos, antes aún de cualquier desarrollo de *fracking*, ya están padeciendo cortes de agua recurrentemente cada verano.

Un fallo que tuvo un veredicto parcialmente positivo, se refiere a la perforación de un pozo que la empresa Total proyectaba dentro reserva natural Auca Mahuida, en la provincia de Neuquén. Una pobladora presentó un recurso de amparo para impedir que se realice la perforación dentro de su campo, comprendido por el área protegida. A fines de 2013, la justicia exigió a Total Austral S.A. que modificara emplazamiento del pozo sumidero –donde se depositarán los líquidos de *flowback* o de retorno– que ahora estará ubicado a unos

6 La medida interpuesta se basaba en la falta de consulta al mundo indígena ante cualquier actividad a realizarse en su territorio, la violación del debido proceso y acceso a la información ambiental, la participación efectiva de la comunidad en audiencia pública y la preservación del agua. Además el amparo realiza tres denuncias, una de ellas es la falsificación de documento público, la existencia de un expediente mellizo y la omisión de los deberes de funcionarios públicos "por incumplimiento de las funciones del Instituto Provincial del Agua, y de los organismos competentes por falta de resguardo de zona arqueológica y material arqueológico en superficie" (Aranda, 2013b).

30 kilómetros del sitio originalmente propuesto por la empresa. Sin embargo, la justicia provincial todavía no se expidió en relación al amparo presentado por el pozo exploratorio perforado en Pampa de las Yeguas, también dentro de Auca Mahuida.[7]

Por otro lado, el revés judicial más importante recayó sobre la localidad de Allen, en diciembre de 2013, cuando el Tribunal Superior de Justicia (TSJ) de Río Negro declaró inconstitucional la ordenanza municipal que prohibía el *fracking* (Véase mito 16), ilustrando con ello el realineamiento entre poder político, económico y judicial. La norma había sido sancionada por unanimidad por el Concejo Municipal en agosto de ese año.

¿Ha habido accidentes en pozos de de hidrofractura en nuestro país?

Tanto el caso rionegrino, donde el fracking avanza en Allen en medio de plantaciones casi centenarias, como en el caso de la estepa neuquina, que lo hace sin consulta a las poblaciones originarias y crianceros criollos, ya se han registrado accidentes, inherentes a este tipo de explotación, que ponen de relieve la insostenibilidad del discurso acerca del "*fracking* seguro".

Veamos cuatro accidentes ocurridos sólo entre marzo y julio de 2014, dos de ellos en Allen y otros dos en la zona de Vaca Muerta.

1. Allen: dos explosiones en cinco meses

Entre marzo y julio de 2014 ya se registraron dos serios siniestros en pozos de hidrofractura, en la zona de chacras. El 19 de marzo se registró una explosión de un pozo de *tight gas* en una chacra. Ese mismo día, desde la Asamblea Permanente del Comahue por el Agua (APCA-Allen) trataron de comunicarse con el Secretario de Ambiente, pero la provincia de Río Negro ya no cuenta con ese funcionario desde el ajuste realizado por el gobernador Alberto Weretilneck. En el lugar sólo estaba el Secretario de Hidrocarburos, Daniel Giménez, quien no brindó ni explicaciones ni soluciones. La denuncia pública frente a la ausencia de controles y las irregularidades cometidas llevó a que dicho pozo fuera clausurado por un mes.

7 El diario *Río Negro* consigna que "La petrolera francesa Total tiene a su cargo una perforación en Pampa de las Yeguas ubicado en la reserva natural protegida Auca Mahuida. Por este caso hay un amparo presentado pero el Tribunal Superior de Justicia, TSJ, aún no se expidió. Es el primero en la Justicia neuquina en el que se discute el uso del agua para el *fracking*. (…) Recordó que la Corte Suprema mendocina, en el precedente conocido como 'Oikos', suspendió la perforación de un pozo convencional de la entonces Repsol-YPF, por su relación con la reserva faunística 'Laguna de Llancanelo' el mayor humedal de esa provincia, en base al principio de sustentabilidad de los ecosistemas" (Río Negro, 18/12/2013).

También se han registrado las primeras denuncias por impactos en la salud. En junio de 2014, en el marco de una investigación preliminar de la Justicia, Rubén Ibáñez, vecino que vive a unos pasos del pozo de hidrofractura que explotara en marzo de ese año, realizó una denuncia "por residuos peligrosos", a raíz de los efectos que la actividad hidrocarburífera tendría sobre su salud. En ese marco, se allanaron el hospital y una clínica. (Río Negro, 13/6/2014).

Un segundo "evento" se produjo en la madrugada del lunes 14 de julio, en un pozo de *tigth gas* también en zona de chacras, cercano a la entrada de Allen, después de que se trabara un trépano en las profundidades y tuvieran que inyectar gasoil para intentar destrabarlo. Las llamas del incendio alcanzaron los 15 metros de altura y Allen volvió a ser noticia, encendiendo nuevamente la luz de alarma. Además, en dicho pozo, según vecinos del lugar, habría ocurrido otro "evento", hace poco más de un año, a partir del desprendimiento de un instrumento de trabajo en el subsuelo, para lo cual hubo que llamar a un equipo de rescate procedente del extranjero.

Vale la pena destacar que en Argentina el uso de lodos con base hidrocarburos (gasoil, fueloil, etc.) se circunscribe a determinadas situaciones. Las compañías petroleras suelen usarlo cuando la perforación atraviesa arcillas muy hidratables, formaciones salinas, cuando se quiere aligerar la columna de perforación o cuando existe un aprisionamiento de la herramienta de perforación, por ejemplo. A pesar de que existen una gran cantidad de productos químicos (polímeros en general) que reemplazan a los hidrocarburos y no generan el mismo impacto, la barata y rápida disposición, hacen que echen mano de gasoil.[8] Esta práctica tiene riesgos importantes, ya que la presencia de una formación de agua dulce puede ser directamente contaminada con el hidrocarburo. No obstante esta práctica de muy alto riesgo está autorizada aunque con recaudos que más bien se circunscriben a la superficie. La Resolución 105/1992 de la Secretaria de Energía de la Nación, hace referencia a los productos autorizados y a las instalaciones.[9]

8 En los Estados Unidos está terminantemente prohibido el uso de compuestos de hidrocarburos como parte de la perforación o la fracturación de pozos, precisamente por la inevitabilidad de contaminación de acuíferos subterráneos. Una investigación del Congreso de los Estados Unidos culminó con graves multas a compañías de servicios que ilegalmente usaban gasoil durante operaciones de fractura hidráulica: Halliburton, BJ Services, y otras.

9 El hidrocarburo no se inyecta en estado puro, sino que a través de emulsiones con agua, del tipo "inversas". La característica de este tipo de emulsiones es que el agua,

Por otro lado, el gobierno no menciona que el gasoil contiene benceno, el cual está identificado como elemento cancerígeno. La falta de claridad en las operaciones de las compañías petroleras, sumado al ocultamiento constante de sus accidentes, ameritan una investigación completa e información abierta al público.

Así, mientras el gobernador Weretilneck realiza declaraciones sobre "la coexistencia de las actividades y la existencia de los controles públicos", la intendenta allense, Sabina Costa, que desde el comienzo ha dado claras muestras de una mezcla de indiferencia con falta de amplitud de miras, se ha empecinado en desoír cualquier llamado de atención de los vecinos y de especialistas sobre la peligrosidad del *fracking*, así como las implicancias negativas del avance de la actividad hidrocarburífera sobre la tradicional matriz frutícola. Más aún, como hemos reseñado en este libro, ambas autoridades fueron las principales detractoras de la ordenanza que prohibía la metodología de la fractura hidráulica en el ejido municipal. La intendenta, que aspira a su reelección –esperando recibir las regalías, luego de la renegociación provincial de los contratos petroleros–, declaró exultante que "Allen se va a convertir en el mayor productor de gas, después de Vaca Muerta. Eso se dice" (Noticias.net, 2014).

Pastillas radioactivas y fracking

En mayo del corriente año se "perdió" una pastilla radiactiva en un pozo petrolero de Rincón de los Sauces, Neuquén. Después de informar que se habían hecho mediciones de superficie para verificar la seguridad de los operarios, se explicó que se habían agotado las acciones para recuperar ese elemento, por lo cual se iba a cementar el pozo, como si eso garantizara la seguridad de un elemento radiactivo y el impacto, que puede medirse en términos de cientos o miles de años de radiaciones. A los pocos días, el Secretario de Ambiente de Neuquén, Ricardo Esquivel, señaló con absoluta liviandad, y sin mayores precisiones, "que no hay peligro de contaminación porque el elemento está encapsulado y no hay posibilidad de radiaciones" (Minuto Neuquén.com, 2013). De la misma manera, todavía no hubo reconocimiento del accidente por parte de Halliburton, la compañía responsable por ese elemento radiactivo. Ni el gobierno provincial ni el nacional respondieron a los pedidos de informe solicitados por legisladores.

---

generalmente dulce, se encuentra dispersa en pequeñas "gotitas" en la otra fase liquida que es el hidrocarburo. La emulsión se mantiene estable con el agregado de productos químicos como emulsificantes, dispersantes, humectantes, etc., pero determinadas condiciones pueden romper esa emulsión separando nuevamente las fases.

Una vez más vemos que la "Responsabilidad Social Empresaria" sólo es utilizada por las corporaciones como una vía para aplacar la ansiedad de la población ante estas actividades contaminantes. Igualmente los "Controles del Gobierno" sólo se aplican sobre la información que se publica en relación al tema, favoreciendo un silencio que ayuda a evadir responsabilidades a los que atentan contra los intereses del pueblo.

Un mes y medio después, el 11 de julio, el mismo tema vuelve a ser noticia, en otro lugar, el área Aguada Pichana, en la cuenca del Río Neuquén, sobre el yacimiento Vaca Muerta, donde se "perdió" otra pastilla radiactiva. Estos eventos, como dice un comunicado la Fundación Ecosur, "no sólo nos recuerdan otras denuncias: derrames de petróleo, surgencias de aguas contaminadas con hidrocarburos, el incendio de pozos petroleros en Allen o Plottier; las emisiones de metano en la Planta de Metanol, y los animales muertos por las aguas con hidrocarburos en Cutral Có. Eventos de gran impacto ambiental y social que se suceden sin solución de continuidad en las cuencas de los ríos de Patagonia Norte, superpuestas a la Cuenca Hidrocarburífera Neuquina. Accidentes que toman estado público eventualmente, o cuando demuestran un carácter trágico, lamentable " (Ecosur, en Opsur, 2014).

Es de destacar que los elementos radiactivos son parte normal de las operaciones petroleras. En este caso se usan para hacer un "perfilaje" del pozo, lo cual es equivalente a una radiografía que permite determinar la composición de las distintas rocas atravesadas por la perforación. Si bien el elemento radiactivo está contenido dentro de la herramienta de perfilaje, sus radiaciones de rayos gama son constantes y continuarán por el término de vida del elemento usado en la ocasión, afectando a cualquier fluido que pueda migrar hacia la superficie o acuíferos subterráneos. Contrario a lo expresado por Ricardo Esquivel, el elemento radiactivo perdido es una amenaza latente hacia la salud e integridad de los pobladores de la zona.

El uso de energía atómica para fines pacíficos está extendido a múltiples ramas de la actividad civil. Conscientes del peligro inherente a estos materiales, se crearon regulaciones y organismos dedicados a monitorear y controlar tanto el uso como el transporte de estos materiales. En nuestro país la Autoridad Regulatoria Nuclear (ARN) está designada para estas funciones, además de proteger al público de posibles consecuencias. Sin embargo, pese a continuos reclamos, la ARN todavía no informó públicamente los detalles de estos dos accidentes nucleares. No sólo eso, la breve información publicada en su comunicado de prensa del

9 de Junio de 2014 nos dice que el elemento radiactivo quedó atrapado a solo 600 metros de profundidad, peligrosamente cerca de los acuíferos de la zona.

Así, a pesar del enorme esfuerzo en ocultar información y minimizar estos eventos, la campaña sobre el "*Fracking* Seguro" se cae a pedazos ante la misma realidad.

Fuentes consultadas

Aranda Darío (2013a), "Contra un decreto", en diario *Página 12*, 30 de diciembre de 2013, disponible en: http://www.pagina12.com.ar/diario/sociedad/subnotas/236710-66273-2013-12-30.htm

--- (2013b), "Evaluando el 2013 de los pueblos originarios. Lucha y logros", en *Periódico CTA*, noviembre-diciembre 2013, disponible en: http://issuu.com/periodico-cta/docs/cta_99_baja/11?e=8261434%2F5959040

Cartago tv (2013), "Cinco Saltos, libre de HidroFractura: habla el concejal José Chandia", 14 de agosto de 2013, disponible en: http://www.principioesperanza.com.ar/2013/08/cartagotv-cincosaltos-libre-de.html

Diario Río Negro (2013), "Cambian de lugar el pozo sumidero de fracking en Auca Mahuida", 18 de diciembre de 2013, disponible en: http://www.rionegro.com.ar/diario/cambian-de-lugar-el-pozo-sumidero-de-fracking-en-auca-mahuida-1432517-9544-nota.aspx

--- (2014), "La iglesia neuquina expresó su temor al fracking", 07 de marzo de 2014, disponible en: http://www.rionegro.com.ar/diario/iglesia-neuquina-expreso-su-temor-al-fracking-1754468-62841-nota.aspx

--- (2014), "Pierden pastilla radiactiva en un pozo, YPF descarta riesgos", 7 de junio de 2014, disponible en: http://www.rionegro.com.ar/diario/pierden-pastilla-radiactiva-en-un-pozo-cercano-a-rincon-de-los-sauces-2565558-62202-nota.aspxFundación Ecosur (2014), "Carta de ambientalistas y ecologistas a funcionarios-funcionales al extractivismo," en Observatorio Petrolero Sur, 16/07/2014, disponible en: http://www.opsur.org.ar/blog/2014/07/16/carta-de-ambientalistas-y-ecologistas-a-funcionarios-funcionales-al-extractivismo-y-al-saqueo/

Gobierno de la Provincia del Neuquén – Ministerio de Energía y Servicios Públicos (2014), "Provincia del Neuquén. Perspectivas para petróleo y gas", marzo de 2014, disponible en: http://www.dgm.gov.do/Conferencias_Internacionales/Latinvep/coco.pdf

--- (2014), "Esquivel llamó a no generar alarma en la población", 10 de junio de 2014, disponible en: http://w2.neuquen.gov.ar/index.php?option=com_content&view=article&id=5843:esquivel-llamo-a-no-generar-alarma-en-la-poblacion&catid=2:noticias&Itemid=39

La Nación (2014), "YPF compró los activos locales de la petrolera Apache por U$S 800 millones", 13 de febrero de 2014, disponible en: http://www.lanacion.com.ar/1663589-ypf-compro-los-activos-locales-de-la-petrolera-apache-por-us-800-millones

Lavia, Miguel y Shiratori, Julio (2011), "Aspectos Técnicos, Económicos y Legales del Gas Plus en la Cuenca Neuquina", Apache Energía Argentina S.R.L, Jornadas de Producción, *Transporte y Tratamiento de Gas: El Desafío del Gas No Convencional*, IPAG, 30 de agosto de 2011.

--- (2011), "Presentación publicada por Apache Energía Argentina ante el Instituto Argentino del Petróleo y del Gas", Apache Energía Argentina S.R.L, 12 de Setiembre de 2011, disponible en: http://www.iapg.org.ar/sectores/eventos/eventos/listados/presentacionesjornadas/014.pdf

Odarda, Magdalena et al. (2014), "La Patagonia no debe ser zona de sacrificio", en diario *Río Negro*, 12 d febrero de 2014, disponible en: http://www.rionegro.com.ar/diario/la-patagonia-no-debe-ser-zona-de-sacrificio-1568226-9539-nota.aspx

Minuto Neuquén.com (2013), "Pastilla radioactiva extraviada: no hay peligro", 10 de julio de 2014, disponible en: http://www.minutoneuquen.com/nota/neuquen/91647/pastilla-radioactiva-extraviada-no-hay-peligro.html

Noticiasnet (2013), "Río Negro sin fracking", 17 de septiembre de 2013, disponible en: http://www.noticiasnet.com.ar/?se=36&id=161620

--- (2013), "Cinco Saltos libre de fracking: entrevista a José Chandia", 15 de agosto de 2013, disponible en: http://www.opsur.org.ar/blog/2013/08/15/cinco-saltos-libre-de-fracking-entrevista-de-cartago-tv-a-concejal-jose-chandia-de/

Svampa, Maristella y Viale, Enrique (2013b) "El reduccionismo serial de los ídolos del fracking", en diario *Río Negro*, 9 de octubre de 2013, disponible en: http://www.rionegro.com.ar/diario/el-reduccionismo-serial-de-los-idolos-del-fracking-1271045-9539-nota.aspx

--- (2014), "Fracking, discursos y eventos: crónica de una realidad anunciada", en diario *Río Negro*, 19 de julio de 2014, disponible en: http://www.rionegro.com.ar/diario/fracking-discursos-y-eventos-cronica-de-una-realidad-anunciada-3223763-9539-nota.aspx

16 - ¿Tiene competencia un municipio para prohibir el fracking? ¿Puede una empresa petrolera alegar Derechos adquiridos ante una norma que prohíba la técnica de fractura hidráulica ?

Aportes de Enrique Viale

Todas las ordenanzas hoy existentes que prohíben o suspenden la técnica del *fracking* apelan al principio precautorio, haciendo hincapié tanto en el impacto sobre la salud humana y sobre el agua, en el debate y la legislación internacional existente (prohibiciones y moratorias), así como también al derecho a participar y decidir de las poblaciones. Es muy importante subrayar que la mayoría de estas ordenanzas no prohíben en forma determinante la exploración y explotación de gas y petróleo de yacimientos no convencionales, sino que "no se autoriza" la utilización de un tipo de técnica en dichos procesos, específicamente, se habla de la técnica de fractura hidráulica o *fracking*.

Lo cuestionado es el método extractivo, no la actividad en sí. La polémica sobre el alcance y competencia municipal para sancionar este tipo de normas tuvo su punto judicial más álgido en la localidad Allen, en Río Negro, en diciembre de 2013, cuando el Tribunal Superior de Justicia de la provincia, en un "fallo express", declaró inconstitucional la ordenanza municipal sancionada por unanimidad por el Concejo Municipal en agosto de ese año[1]. Lo hizo basándose en que la regulación de la actividad hidrocarburífera sería potestad de las provincias.

Como veremos, este fallo de la Justicia rionegrina pretende desconocer que la ordenanza allense no apunta a regular la actividad hidrocarburífera, sino que tiene un carácter eminentemente ambiental, materia que desde el punto de vista constitucional es de competencia local. Con este fallo, además, se pretende sepultar el poder de policía de los municipios en materia ambiental, quienes de esta manera pasarían a ser meros espectadores del descontrolado avance petrolero en sobre chacras, caminos y calles, abriendo una especie de "zona liberada" a las petroleras, incluso en los ejidos urbanos de cualquier ciudad de Río Negro. Por ejemplo, amparados en este fallo, si la Provincia hallara hidrocarburos en el subsuelo de la ciudad –pongamos en la plaza central de la localidad– y decidiera hacer un pozo de *fracking*, los municipios no podrían hacer nada (Svampa y Viale, 2014).[2]

Para comprender la competencia de las autoridades municipales para sancionar este tipo de normas, resulta útil recordar que el artículo 41 de nuestra Constitución Nacional, en su segundo párrafo, establece la más importante pauta de interpretación para entender este punto, cuando al referirse el precepto constitucional a las "autoridades", expresamente contempla que ellas "proveerán a la protección de este Derecho". La Constitución Nacional, al emplear el término genérico "autoridades" –sin ningún tipo de distinción o aditamento– está involucrando en el mismo, al Estado en todos sus órdenes (Nacional, Provincial y Municipal), y con ello, a los poderes públicos constituidos (Ejecutivo,

1 Para quienes conocen del funcionamiento de la Justicia provincial, el fallo no sorprendió, ya que en Río Negro, jueces y Consejo de la Magistratura suelen alinearse con el poder (con el gobernador Weretilneck y el senador Miguel Angel Pichetto, de proyección nacional). Este alineamiento automático es mucho más contundente cuando los conflictos confrontan los derechos colectivos (ambientales, indígenas), con fuertes intereses económicos. Tal como viene sucediendo en la vecina Neuquén, la Justicia provincial rionegrina tiende a fallar en favor de las corporaciones, poniendo en evidencia que en realidad el sistema judicial provincial forma parte del problema, antes que de la solución.

2 "A menos que se conciba como un actor sin poder alguno, hablado por el poder ventrílocuo de las corporaciones, el ejecutivo municipal tenía la obligación de apelar ante la Corte Suprema de Justicia de la Nación, defendiendo la legalidad de una ordenanza municipal dictada por el Concejo Deliberante, meses atrás, por unanimidad. No se trata de una cuestión de opinión sino de cumplimiento del deber, en la medida en que éste es quien está al mando del Ejecutivo municipal y es responsable de proteger la salud y el ambiente de sus habitante" (Svampa y Viale, 2014).

Legislativo y Judicial). De modo que, a todos ellos, sin distinción, les corresponde el deber inexorable de "proveer" a la protección de este derecho a vivir en un "ambiente sano, equilibrado y apto para el desarrollo humano". Proveer a la protección es hacer todo lo necesario para que esa tutela sea real, es hacer todo lo posible para que esa obligación se cumpla y para que ese derecho se ejerza.

A su vez, en el tercer párrafo del artículo 41 de la Constitución Nacional se hace referencia al ejercicio de las "facultades concurrentes" que sobre la materia tienen el Estado Nacional, las Provincias y los Municipios. Así las cosas, vemos que corresponde al Estado Nacional "dictar las normas que contengan los presupuestos mínimos de protección". En cuanto a las Provincias, sus facultades se reducen a dictar las normas necesarias para "complementar" la mencionada ley. Igual potestad le corresponde a los Municipios para legislar sobre la materia, en razón de la autonomía y de la competencia territorial y material que ostentan. Así lo ha entendido la Corte Suprema de Justicia de la Nación al señalar más recientemente, lo siguiente:

> En el precedente de Fallos: 318:992, el Tribunal dejó bien establecido que corresponde reconocer a las AUTORIDADES LOCALES la facultad de aplicar los criterios de protección ambiental que consideren conducentes para el bienestar de la comunidad para la que gobiernan, así como valorar y juzgar si los actos que llevan a cabo sus autoridades, en ejercicio de poderes propios, afectan el bienestar perseguido. Tal conclusión procede de la Constitución Nacional, la que, si bien establece que le cabe a la Nación "dictar las normas que contengan los presupuestos mínimos de protección", reconoce expresamente las jurisdicciones locales en la materia, las que no pueden ser alteradas[3]

Por su parte, en la causa "Arroceras Chaco" la Justicia ratificó la incumbencia de los municipios en materia ambiental. En este caso, la Cámara de Apelaciones de Resistencia rechazó la apelación de los municipios de La Leonesa y Las Palmas respecto de un pedido de informes del Juez en lo Civil y Comercial Nº14, Héctor García Redondo, que intentaba analizar la actuación de ambas comunas en materia de cuidado del medio ambiente. Así, el fallo de segunda instancia, ratifica lo actua-

3 Artículo 41, tercer párrafo, de la Constitución Nacional; Fallos: 318:992, considerando 7°; 329:2280, entre muchos otros. (considerando 5°); Fallo: "Asociación Argentina de Abogados Ambientalistas c/ Buenos Aires, Provincia de y otros s/ Amparo Ambiental" –CSJN – 1.11.2011.

do por el juez en la causa iniciada por vecinos de La Leonesa por contaminación ambiental y daño a la salud de los pobladores por la pulverización indiscriminada de agroquímicos en las arroceras del empresario Eduardo Meichtry en el Departamento Bermejo de la provincia de Chaco.[4]

En su presentación ante la Cámara de Apelaciones en lo Civil y Comercial de Resistencia, los municipios de La Leonesa y Las Palmas alegaron que de acuerdo a la legislación vigente no es deber de los municipios actuar en temas ambientales y que las comunas no están facultadas por no ser autoridad de aplicación de normas para el cuidado del ambiente y no contar además con el poder de Policía Ambiental. Así, con fecha 21 de febrero de 2011, en el marco del expediente Nº 3738/2010, caratulado "Ferrau, Marco Antonio y otros c/Municipalidad de Las Palmas y otros s/medida cautelar", la Cámara de Apelaciones señaló: "entendemos que no le asiste razón a los apelantes, cuando se oponen a la elaboración del informe requerido (sobre la actuación de los municipios en materia ambiental)". La sentencia agrega que "el tema referido a la protección del medio ambiente, constituye uno de los derechos fundamentales consagrados por la Constitución Nacional (art. 41), siendo su aplicación obligatoria en todo el territorio de la Nación, con la supremacía que establece el art. 31 y 75 inc. 22 de la C.N.". Y advierte que:

> "todos aquellos organismos que participan de la categoría de ejercer los poderes públicos, entre ellos los Municipios, no se encuentran ajenos a los postulados constitucionales referidos, en cuanto al control y tutela del medio ambiente, más aún tratándose de organismos que se encuentran vinculados en forma inmediata con el entorno, los habitantes y los distintos problemas que pueden generar dentro del área donde ejercen su poder de policía y de seguridad. (...) Asimismo y siendo los Municipios uno de los poderes del Estado, no escapa a su esfera de actuación el participar de los postulados mínimos que hacen al ambiente, bajo pretexto de la ausencia de disposiciones locales que así lo impongan" (Sentencia de la Cámara de Apelaciones de Resistencia, 2011).

La regulación de la cuestión energética e hidrocaburífera debe adaptarse a la regulación sobre los usos del territorio y protección del ambiente. Para el caso que pretenda realizarse un distanciamiento tajante

4 Vale recordar que las pulverizaciones aéreas se realizaban en las arroceras en cuestión con controles absolutamente laxos por parte de los organismos de aplicación provincial de la Ley de Biocidas lo que motivó la movilización de los vecinos ante el incremento de casos de niños con leucemia en barrios linderos a los cultivos.

ambos marcos regulatorios, la Corte Suprema de Justicia de la Nación ya ha zanjado esta cuestión en "Villivar Silvana N. v. Provincia del Chubut y otros" que es conocida como el conflicto llamado "Oro Esquel". La Corte decidió adoptar una posición respecto a la cuestión de las competencias legislativas, tanto horizontales (en el caso entre el Código de Minería y la Ley General del Ambiente) así como las verticales (entre leyes nacionales y provinciales). En este caso existía un proyecto de explotación minera de oro a cielo abierto con la utilización de cianuro para la separación (lixiviación) del mineral de la piedra, en las cercanías de la localidad de Esquel, Chubut. La empresa El Desquite S.A., titular del emprendimiento, se encontraba habilitada por la autoridad provincial de minería, aunque no había cumplido con los procedimientos ambientales regulados por las leyes "complementarias" locales (la Ley Provincial 4032 o ahora la Ley 5439 que aprueba el Código Ambiental de Chubut), porque entendía que esas normas eran aplicables a otras actividades, pero no respecto a la minería.

La Corte entendió que las reglas de la Ley General del Ambiente (LGA) se deben integrar con las normas sectoriales, y siempre el piso serán las normas de la LGA, lo que en el caso le sirve a los ministros votantes para dar obligatoriedad a la audiencia pública en los procedimientos de Evaluación de Impacto Ambiental (arts. 20 y 21, LGA).

Es decir, las normas ambientales también deben considerarse en la aplicación de otras ramas del derecho. Por tal motivo, resultaría erróneo señalar que la cuestión energética y de política hidrocarburífera resulta ajena a la normas dictadas por las autoridades locales de acuerdo a las competencias constitucionales otorgadas.

La sentencia Villivar fue seguida por otras resoluciones de la Justicia argentina. Podemos nombrar entre ellas: la resolución de la Corte Suprema de Justicia de la Nación en autos "Edenor S.A. y otro c/Provincia de Buenos Aires s/acción declarativa de inconstitucionalidad" y la resolución cautelar del Juzgado de Primera Instancia en lo Contencioso Administrativo 2 de La Plata, del 23 de junio 2005, en autos "Edenor SA c/Fisco de la Provincia de Buenos Aires s/pretensión anulatoria".

¿Pueden una empresa petrolera alegar derechos adquiridos ante una norma que prohíba la técnica de fractura hidráulica?

Para el caso que se pretenda confrontar a las normas que prohíben la técnica del *fracking* con la vigencia de concesiones hidrocarburíferas, tanto de exploración como de explotación, que implicarían supuestos derechos adquiridos a las empresas concesionarias, cabe recordar que atento a la existencia de un Orden Público Ambiental, no existe un derecho adquirido a dañar el ambiente.

Resulta vital en este sentido recordar dos fallos importantes:

- *Caso "Saladeros de Barracas C/ Provincia de Buenos Aires"*

En la década del 80, Miguel Marienhoff ya enseñaba que "las medidas de policía de la *propiedad, tienen en miras el "interés público"* y, que estas medidas *"no sólo pueden referirse al ejercicio del derecho de "propiedad", sino también al ejercicio de la "libertad" individual (v. gr., ejercicio de una profesión o industria)"* (Marienhoff, 1981).

En el mismo artículo Marienhoff recuerda:

> "un antecedente famoso ocurrido en nuestro país, cuyo conocimiento incluso llegó hasta la Corte Suprema de Justicia de la Nación. Me refiero al conocido caso de los saladeros de Barracas.[5] Es un antecedente interesantísimo, por cuanto en él la Corte Suprema, al confirmar el cese de una industria perjudicial para la salud pública, con toda razón declaró, además, la irresponsabilidad del Estado por los daños sufridos al ordenar la cesación del ejercicio de una industria dañosa para el interés público. Era una industria que, al no ejercerse en "estado legal", a su respecto no podía invocarse el carácter de "industria lícita", no pudiendo entonces merecer el amparo constitucional. Se trataba de lo siguiente: una ley de la Provincia de Buenos Aires dispuso la clausura de los saladeros situados en el Riachuelo de Barracas, a raíz del grave peligro –debidamente comprobado– que implicaba para la salud pública la actividad de dichos saladeros. Los dueños de éstos acudieron ante la Corte Suprema de Justicia de la Nación demandando a la provincia de Buenos Aires por indemnización de los daños y perjuicios que les causó la suspensión de las respectivas faenas. En el curso de la litis quedó acreditado que los procedimientos que se empleaban en los saladeros, corrompían el suelo, el aire y las aguas. El Alto Tribunal dijo lo siguiente al rechazar la demanda promovida:
>
> Que los saladeristas de Barracas no pueden por consiguiente invocar ese permiso para alegar derechos adquiridos, no sólo porque él se les concedió bajo la condición implícita de no ser nocivo a los intereses generales de la comunidad, sino porque ninguno puede tener un derecho adquirido de comprometer la salud pública, y esparcir en la vecindad la muerte y el duelo con

5 Fallo: 31:274. CSJN

el uso que haga de su propiedad, y especialmente con el ejercicio de una profesión o de una industria´.

Además rechazó la indemnización de daños y perjuicios solicitada, porque la orden de cesar en el ejercicio de semejante industria no era contraria a la Constitución, ni atacaba el derecho de propiedad. En definitiva se absolvió de la demanda a la provincia de Buenos Aires. La sentencia está registrada en el t. 31, pp. 273 y sigs., de la colección de 'Fallos' de la Corte Suprema. En el caso de referencia los dueños de los saladeros habían violado abiertamente el principio general e implícito en toda licencia, permiso o concesión administrativos, de que tales actos, bajo pena de nulidad, se otorgan siempre 'sin perjuicio de terceros', receptando así el viejo principio capital de derecho 'alterum non laedere', ya mencionado en la 'Instituta' y el 'Digesto' del antiguo Derecho Romano". (Marienhoff, 1981)

Una sentencia similar a este caso la encontramos en "Ancore SA C/ Municipalidad de Daireaux s/Daños". La Municipalidad de Daireaux, población del oeste de la provincia de Buenos Aires, en octubre de 1996, por ordenanza 577, prohibió la instalación de *feed lots* dentro de un radio de 15 kilómetros contados desde la plaza principal de la ciudad. Además dispuso como régimen transitorio que los establecimientos existentes debían adecuarse antes del 15 de noviembre de 1996. Como consecuencia de esa ordenanza, la empresa Ancore S.A. –que era la única existente a ese momento dentro del indicado radio– decidió no adecuar su explotación a las exigencias de la ordenanza municipal, cerrar sus puertas e iniciar una demanda por los daños provocados con la modificación legislativa municipal que –entendía– había transformado a la actividad antes lícita en ilícita. La demanda tenía por objeto el resarcimiento de los perjuicios que le producía la ordenanza, la que –a entender de la actora– importaba una prohibición de trabajar sin el fundamento de una ley ni un juicio previo que lo establezca. La Suprema Corte bonaerense rechazó la demanda –como en Saladeristas–, ya que entendió que la ordenanza era razonable al limitar la instalación de este tipo de emprendimientos en lugares cercanos al ejido urbano por los efluentes gaseosos que producen. En su sentencia, al igual que en "Podestá, Santiago y otros c/ Provincia de Buenos Aires s/ indemnización de daños y perjuicios", la Corte meritó que era razonable limitar los derechos individuales.

- Caso Laguna Llancanello, "Asociación Oikos Red Ambiental C/ Provincia de Mendoza S/ Amparo"

En este otro caso el Juez de primera instancia hizo lugar a la acción de amparo incoada contra el Gobierno de Mendoza por la "Asociación Oikos Red Ambiental", supeditando la explotación petrolera autorizada por el Ministerio de Ambiente y Obras Públicas de la provincia a la efectiva previa delimitación geográfica del área natural protegida denominada "Reserva Fáunica Laguna Llancanelo". Apelada la sentencia, la Cámara confirmó la misma. Ante este pronunciamiento, la empresa Repsol YPF y el gobierno provincial interpusieron recursos de casación e inconstitucionalidad, los cuales fueron rechazados por la Suprema Corte de Justicia de la provincia en su fallo del 3 de noviembre de 2005.

En esta causa tanto la Fiscalía de Estado como la empresa Repsol-YPF S.A. destacaron en las distintas contestaciones y piezas recursivas presentadas en el expediente, que el área Llancanelo ha sido objeto de explotación petrolífera desde la década de 1930. En razón de ello, arguyeron, dicha explotación sería un rasgo habitual de la zona al momento de su declaración como área protegida (argumento de Fiscalía de Estado) y según el expediente, el argumento de Repsol-YPF es que YPF tendría un derecho adquirido a continuar con la explotación en la zona

A estos argumentos, la Suprema Corte Provincial ha dicho:

> "...la ley 6045 se impone con la primacía que le otorga su carácter de defensa del interés colectivo, por cuanto "el Derecho Ambiental es sustancialmente derecho público. La tutela del ambiente apunta a mejorar la calidad de vida de la humanidad y a lograr el desarrollo sostenible como legado para las generaciones futuras" (Bustamante Alsina, 1995: 51)..."

> "...El carácter señalado de orden público descarta también la posibilidad de planteos acerca de presuntos derechos adquiridos a continuar con explotaciones que esa normativa legal prohibiera expresamente, como es el caso concreto de la explotación de hidrocarburos dentro de las áreas naturales protegidas..."

> "...El desconocimiento de la ley 6045 implica también ignorar la jurisprudencia de nuestra Corte Suprema de la Nación que ha establecido que "la modificación de las normas por otras posteriores no da lugar a cuestión constitucional alguna, pues nadie tiene derecho adquirido al mantenimiento de leyes o reglamentos, ni a su inalterabilidad" (doctrina de Fallos: 283:360; 315:839)

Es razonable sostener junto a la doctrina y jurisprudencia que así lo propician que existe un Orden Público Ambiental. Como consecuencia de ello, fácil resulta advertir que es inalienable e indisponible para las partes.

Por su directa vinculación con la salud de la población, con la calidad de vida y la dignidad de la persona humana el Derecho Ambiental es esencialmente de orden público. La preservación del medio como manera de garantizar la vida y la salud individual y de la comunidad en su conjunto, importa un "interés público relevante", que requiere de todos los ámbitos de actuación positiva por parte del Estado.

A raíz del fallo de Laguna Llancanello, el Dr. José Sebastián Elías realizó las consideraciones que se transcriben a continuación y que ilustran de manera contundente la cuestión:

> "La solución a la que arriba la Corte en punto a dichos argumentos es, sin duda, correcta. Es claro que no existe una cuasi posesión del derecho a contaminar el ambiente, como externalidad negativa del usufructo del terreno, por el sólo hecho de venir haciéndolo desde épocas inmemoriales y que permita considerarlo un derecho adquirido. Por aplicación del principio "alterum non laedere", no parece que prima facie pueda hablarse del derecho a producir un daño…"
>
> "Podría discutirse eventualmente si corresponde que se indemnice a quien ha sido privado, parcialmente, de los beneficios que le fueran concedidos por el decreto nacional 1764/93 -Adla, LIII-C, 3215- y normativa concordante… Adelanto, sin embargo, mi opinión en el sentido negativo, por las razones que derivan de la argumentación que enseguida esbozare"
>
> "La Corte rechazó la defensa de los presuntos derechos adquiridos enfatizando el carácter de derecho público que reviste el derecho ambiental, así como también el carácter de orden público de la ley 6045, y diciendo que tal "... carácter señalado de orden público descarta también la posibilidad de planteos acerca de presuntos derechos adquiridos 'a continuar' con explotaciones que esa normativa legal prohibiera..." "Aceptado lo anterior, podría argumentarse que cualesquiera sean las normas en que la empresa petrolera funde la existencia de supuestos derechos adquiridos, las mismas -en tanto permitan la degradación de la reserva fáunica- resultan inconstitucionales, y ningún derecho puede haberse consolidado al abrigo de ellas. Por ello, no haría falta argumentar sobre la preeminencia del orden público frente a alegados derechos adquiridos. Simplemente, no habría derechos adquiridos. Las normas invocadas serían inconstitucionales por permitir actividades dañosas al ambiente tutelado…" (Elías, 2005)

Asimismo, resulta interesante destacar el dinamismo con el que debe ser interpretada la normativa de protección ambiental.

> "El restante argumento arrimado por Fiscalía de Estado (que la explotación petrolera sería un rasgo habitual de la zona al momento de su declaración como área protegida) es rebatido por el tribunal con la siguiente idea: que el derecho ambiental es esencialmente dinámico, y debe ser interpretado al compás de los avances y modificaciones en el conocimiento científico. Si antes se desconocía absolutamente el potencial dañoso de determinada actividad, y por eso no se la prohibió expresamente, y luego se descubre el riesgo, no resulta válido argumentar que ya no puede prohibirse la actividad por cuanto antes no se la había prohibido…" (Elías, 2005)

Por último, en el más próximo caso de la Corte Suprema caratulado "Salas, Dino y otros c/ Salta, Provincia de y Estado Nacional s/ amparo". La acción de amparo fue iniciada con el objeto de que se disponga el cese inmediato y definitivo de los desmontes y talas indiscriminadas de los bosques nativos situados en los departamentos de San Martín, Orán, Rivadavia y Santa Victoria de la provincia de Salta. La gravedad de los hechos denunciados por los actores y la clara afectación al medio ambiente que producían aquellas actividades realizadas de manera indiscriminada, exigieron a la Corte la adopción de las medidas conducentes a la superación del estado de cosas que dio lugar a la promoción del proceso. Así dispuso la suspensión de todas las autorizaciones de tala y desmonte otorgadas por el Estado provincial en los cuatro departamentos referidos, como así también su ejecución, hasta tanto se efectúe un estudio que determine el impacto ambiental acumulativo producido sobre el clima, el paisaje, el ambiente en general y en las condiciones de vida de los habitantes, en el que a su vez debía proponerse una solución que armonice la protección de los bienes ambientales con el desarrollo en función de los costos y beneficios involucrados, identificando márgenes de probabilidades para las tendencias que señale, valorando los beneficios relativos para las partes relevantes involucradas y las generaciones futuras.

En fecha 13 de diciembre de 2011, la Corte Suprema sostuvo:

> "Los titulares de los permisos que se encontraban alcanzados por aquella suspensión, otorgados por las autoridades locales con anterioridad a la vigencia de la ley 7543, deberán adecuarse a las prohibiciones y limitaciones emergentes de esa norma, de su decreto reglamentario 2785/2009 y de las demás disposiciones complemen-

tarias, de acuerdo a la categoría de conservación (color rojo, amarillo o verde) que le corresponda a la zona en la que se encuentren ubicados los proyectos autorizados". (CSJ, 2011)

Es decir, ordenó que los permisos ya otorgados se adecuen a la normativa sancionada con posterioridad sin indemnización y sin considerar esta situación como una vulneración a la propiedad.

De esta manera, las normas (nacionales, provinciales o municipales) de prohibición de la técnica de *fracking* no afectan derechos adquiridos[6], en la medida en que esta actividad posee, al menos, la aptitud de poner en riesgo el bien jurídico tutelado, lo que provoca que ningún derecho pueda haberse consolidado al amparo de ellas. En otras palabras, no existen derechos individuales adquiridos que puedan vulnerar o alterar el derecho constitucional a un ambiente, sano y equilibrado vinculado con la propia existencia del hombre.

En conclusión, la prohibición de la técnica del *fracking* mediante una norma no sólo no encuentra objeción constitucional sino que frente a los antecedentes e investigaciones que demuestran que esta actividad es contaminante, se convierte en una obligación al tornarse aplicable no ya el principio precautorio (duda) sino el propio principio preventivo (certeza)[7] porque el daño ambiental severo que produce esta técnica ya está demostrado, como se ha detallado en el presente libro.

Por ende, bajo estos principios los distintos gobiernos (nacional, provincial y municipal) tienen la obligación de regular –en el marco de sus competencias– la protección del ambiente con fundamento en la Constitución Nacional, leyes nacionales y provinciales y normas municipales, que les otorgan plena facultad a sus autoridades para prohibir la técnica de extracción de fractura hidráulica.

6 Además que las obligaciones allí establecidas son obligatorias desde su sanción, aún –obviamente– en las relaciones jurídicas preexistentes.

7 Con el principio preventivo se tiene identificado a los eventuales causantes del daño (la técnica del *fracking*) y las cosas que pueden ser dañadas (los ecosistemas, la salud, etc.). La prevención nos debe llevar, en consecuencia, a una gestión del riesgo que apunte a evitar el daño, actuando sobre el peligro y anulándolo.

Fuentes Consultadas

Asociación Argentina de Abogados Ambientalistas (AAdeAA) (2013), "Dictamen sobre las Competencias Municipales en Relación a la Técnica de Fracturación Hidráulica (FRACKING)", disponible en: http://www.proyectoallen.com.ar/3/?p=5190

Corte Suprema de Justicia de la Nación (2011) Causa "Salas, Dino y otros c/ Salta, Provincia de y Estado Nacional s/ amparo" JUICIO ORIGINARIO (S.C., S.1144, L.XLIV) 13 de diciembre de 2011

Jorge Bustamante Alsina (1995), *Derecho Ambiental. Fundamentación y normativa*, Buenos Aires, Abeledo Perrot.

Elías, José Sebastián (2005), "Supremacía, argumentación constitucional y protección ambiental en una sentencia notable (a propósito del fallo 'Oikos')", publicado en *La Ley Gran Cuyo,* mayo 2005, 357.

Marienhoff, Miguel (1981), "Expropiación y urbanismo", publicado en *LA LEY* 1981-C, 910.

Svampa, Maristella y Viale, Enrique (2013), "Allen, fracking y realineamiento de poderes", en diario *Río Negro*, 04 de diciembre de 2013, disponible en: http://www.rionegro.com.ar/diario/allen-fracking-y-realineamiento-de-poderes-1399053-9539-nota.aspx

Viale, Enrique (2011), "La efectiva aplicación de la Ley de Protección de Glaciares: un mandato constitucional urgente", *El Derecho* (EDLA), disponible en: http://www.bogasambientalistas.org/2013/07/la-efectiva-aplicacion-de-la-ley-de.html

17 - ¿Hay estigmatización del ambientalismo? ¿Qué podemos decir respecto de la criminalización de las luchas ambientales en relación al fracking? ¿Cuál ha sido la estrategia comunicacional del oficialismo y las empresas en relación al fracking?

Aportes de Maristella Svampa, Observatorio Petrolero Sur y Enrique Viale

Con enormes recursos económicos, un gran poder de *lobby*, asociadas a los gobiernos y bajo el siempre legitimado envase del "conocimiento científico", las empresas petroleras han venido desplegando una serie de acciones y relatos que ocultan o subestiman toda información que cuestiona la técnica del *fracking*, al tiempo que minimiza o busca deslegitimar las expresiones y trabajos de las asambleas ciudadanas, organizaciones sociales e investigadores independientes.

Las vías utilizadas para minimizar y deslegitimar el accionar de las organizaciones sociales que cuestionan el *fracking* han sido tres: la estigmatización, la criminalización y la represión.

1. Estigmatización del "ambientalismo". Entre el "fundamentalismo" y el "terrorismo ambiental"

Tal como ya había sucedido con respecto a la megaminería, la estigmatización alcanzó al discurso crítico respecto del *fracking*. En efecto, el "ambientalismo" aparece como una figura demonizada no sólo desde el discurso empresarial sino también desde los diversos oficialismos (nacional y provinciales). Al punto que el gobierno neuquino ha catalogado como "fundamentalistas" y "terroristas ambientales" a quienes sostienen posiciones críticas al *fracking*. Efectivamente, en un principio se habló de fundamentalismos y poco después de "terrorismo ambiental". Este discurso tiene entre sus máximos exponentes a la vicegobernadora de la provincia de Neuquén y ex rectora de la Universidad Nacional del Comahue, Ana Pechen, quien reunida con representantes de la industria, en el marco de la celebración del Día Nacional del Petróleo, no vaciló en arremeter contra los críticos del *fracking* y pedir al sector corporativo educar a la población contra "el terrorismo ambiental" (Río Negro, 14/12/2013).

Meses más tarde el propio gobernador de esa provincia, Jorge Sapag, durante el discurso de inauguración de una escuela, calificó con el mismo término a quienes impulsaron las acciones judiciales contra dos pozos que perforó YPF para explotación no convencionales en Chubut (La Mañana Neuquén, 21/03/2014).

2. Entre la criminalización y la fragmentación del Pueblo Mapuche

Es sabido que entre los dispositivos institucionales disponibles a los pueblos originarios, está la consulta previa, libre e informada, estipulada por el Convenio 169 de la OIT y recogida por la Constitución Nacional y sus homólogas provinciales. Lo que hoy sucede en la provincia del Neuquén, también puede ser asociado al proceso de criminalización que sufre el Pueblo Mapuche desde hace varias décadas. Con el ingreso del *fracking*, la relación siempre conflictiva entre gobierno de la provincia de Neuquén y las comunidades mapuche se tensó aún más, oscilando entre el conflicto abierto y la negociación, casi siempre trunca, lo cual pone de manifiesto la resistencia de las comunidades y, al mismo tiempo, su vulnerabilidad económica ante los grandes poderes.

Son varias las comunidades mapuches afectadas por la explotación hidrocarburífera convencional desde hace una década, a lo que se suma ahora la explotación no convencional (véase mito 15). Alrededor de 60 comunidades son las reconocidas en la provincia por la Confederación Mapuche de Neuquén, de las cuales al menos un tercio tiene sus territorios afectados por esta industria, ya sea porque se realiza explotación o porque sus territorios fueron concesionados para la exploración. Hace aproximadamente 15 años comenzaron las movilizaciones en la zona centro de la provincia contra la explotación convencional. Las primeras protestas de Logko Puran y Gelay Ko son de fines de los '90 y principios del 2000, en tanto los impactos son anteriores.

Respecto de la última etapa, con la avanzada de los no convencionales, aunque hubo algunas mesas de negociación y varias acciones directas por parte de las comunidades, que implicaron tomas y paralización de pozos, el conflicto con Apache (hoy YPF) sigue vigente, tanto en la Comunidad Gelay-Ko, así como en Winkul Newen. Más aún, en términos judiciales, la situación de ambas comunidades es muy delicada, por el acoso constante de la empresa Apache, apoyada por la Justicia provincial, que busca autorizar el ingreso de la empresa para realizar tareas de exploración sísmica en el paraje de Portezuelo, comunidad Winkul Newen. En esta línea, en diciembre de 2012 la jueza Ivonne San Martín dictó una orden en la que se habilitaba a la empresa Apache a ingresar al territorio comunitario para explotar el Yacimiento Portezuelo Norte, que se encontraba paralizado. En esa oportunidad miembros de la comunidad resistieron el intento de desalojo, que contaba con topadoras escoltadas por gran despliegue policial. Varias horas después fueron detenidos en la sede de la Confederación Mapuche, en Zapala, y acusados de agredir a una oficial de justicia.

Hasta febrero de 2014 a los integrantes de la comunidad Winkul Newen se les sostuvo una causa por "lesiones graves y daños" hacia la oficial de justicia, pero en marzo de 2014, hubo un cambio de carátula y la figura penal pasó a ser "tentativa de homicidio" (Puerta E, 2014). Hubo como tal un agravamiento en el proceso de criminalización y judicialización del conflicto, cuyo objetivo es el de disciplinar y aleccionar al resto de las organizaciones mapuches, con una suerte de "penalización ejemplar".

A esto se suma la muerte prematura de la lonko Cristina Lincopan, en marzo de 2013, una de las líderes mapuche en la lucha contra la contaminación petrolera. La joven, de sólo 30 años, estaba afectada por un cuadro de hipertensión pulmonar, lo cual puede estar vinculado con el contexto de contaminación ambiental de la zona.

Por último, la manipulación de los derechos territoriales del Pueblo Mapuche por parte del gobierno, tampoco está ausente. Un ejemplo de ello es lo que sucedió con la comunidad Cheuquel, ubicada a 30 kilómetros de Zapala. La comunidad denunció que el gobierno de Neuquén propuso otorgarle el título de tierras comunitarias a través de un decreto, a cambio de que ésta diera el consentimiento para la exploración y explotación petrolera a las empresas Pluspetrol y Gas y Petróleo de Neuquén (Página/12, 30/12/2013).

3. La minimización de la represión

Hay que recordar que fue en un escenario de represión que la Legislatura neuquina, a través de los legisladores oficialistas del MPN y del FpV, y partidos satélite, aprobaron el acuerdo YPF-Neuquén, el 28 de agosto de 2013. Ese día, una movilización de unas 5.000 personas, entre las que había organizaciones mapuches, asambleas ambientales, gremios, partidos de izquierda, referentes nacionales de diferentes partidos políticos y vecinos, se dirigió a la Legislatura provincial, que estaba fuertemente vallada y militarizada. La represión arrancó tempranamente y duró unas 5 horas, incluyó balas de goma y gases lacrimógenos, un herido de bala de plomo y varios hospitalizados.

Pese al escenario represivo, la mayoría de legisladores aceptaron avalar el acuerdo entre la provincia e YPF por el cual al área Loma Campana se le incorporó una fracción de Loma La Lata-Sierra Barrosa para la explotación de no convencionales (enmarcada en el decreto 929/13 firmado poco antes por el gobierno nacional). Esa área, que coincide con el territorio de la comunidad mapuche Campo Maripeque, no fue consultada, cuando se materializó el acuerdo entre YPF y Chevron para la explotación masiva de la formación Vaca Muerta.

Al día siguiente, tuvo lugar una marcha de 10.000 personas que manifestaron su repudio por la represión. Tanto el oficialismo nacional como provincial buscaron minimizar los hechos, al hablar de una marcha de "un centenar de ambientalistas". A ello siguió la estrategia de amedrentamiento, con la quema de una casa de la comunidad Campo Maripe.

Asimismo, el 3 de agosto de 2014, los integrantes de la Asamblea ciudadana ambiental de Concordia y sus pares de Chajarí, Colón, Concepción del Uruguay y otras localidades, fueron desalojados por la fuerza por la Gendarmería Nacional. Ambas asambleas estaban realizando un bloqueo selectivo contra los camiones vibradores provenientes del sur, destinados a estudios de exploración por fracking en la zona de Salto. Hubo varios detenidos y un auxiliar de la prensa sufrió un corte en la cabeza producto de la represión.

En ningún momento se cortó el tránsito vehicular y solo se impidió la marcha de los cuatro camiones. La medida tomada por los manifestantes apunta a la preservación de posibles daños al acuífero Guaraní, "más allá de las fronteras políticas, ya que esa riqueza acuífera es compartida por cuatro países, Uruguay, Argentina, Brasil y Paraguay, quienes a su vez firmaron desde 2012, tratados internacionales de preservación del mismo" (ConcorDía, 2014) .

¿Cuál ha sido la estrategia comunicacional del oficialismo y las empresas en relación al *fracking?*

La contracara del fenómeno de estigmatización, criminalización y represión, ha sido el desarrollo de una estrategia comunicacional intensa, dirigida a silenciar las voces disidentes y a eliminar cualquier duda o interrogante acerca de las grandes controversias e incertidumbres que despierta –aquí y en otras latitudes– la utilización de la fractura hidráulica o *fracking*.

No es casual que esta campaña haya arrancado luego de la aprobación del convenio con la multinacional norteamericana Chevron. A partir de ahí, la estrategia comunicacional del gobierno se propuso minimizar todas las irregularidades e ilegalidades cometidas, colocando un manto de olvido sobre las múltiples dudas que había sobre el citado convenio. Más aún, queda cada vez más claro que la fuerte ofensiva comunicacional tiene por objetivo construir un consenso en torno del *fracking*, mostrando que de la mano de YPF, éste no es sólo "seguro" y "necesario", sino además altamente "beneficioso" para el país. A través de este discurso se busca identificar a la empresa nacional con la soberanía energética y, también, con la defensa de los hidrocarburos no convencionales.

Enumeremos algunos hitos de esta estrategia comunicacional:

· Después de la aprobación del convenio de la provincia de Neuquén con YPF las empresas, el gobierno nacional y sus socios provinciales se abocaron a publicitar "las bondades de la explotación de hidrocarburos no convencionales", negando u omitiendo los riesgos ambientales del *fracking* o "estimulación hidráulica". Esto lo hizo tanto YPF como el Instituto Argentino del Petróleo y el Gas –entidad que lejos de toda neutralidad, representa a las patronales del sector–, a través de costosas solicitadas en los principales medios gráficos del país refiriéndose a "los mitos del *fracking*" (seguido luego de una publicación, IAPG, 2013).

En ese sentido, en noviembre de 2013 el mandatario neuquino, en una conferencia organizada por el Club del Petróleo, convocó al empresariado a "orquestar y diagramar acciones de comunicación muy buenas". "El IAPG sacó un muy buen libro. Nosotros nos tomamos la libertad de publicar 10 mil de esos ejemplares y distribuirlos en las escuelas, pero no alcanza. Esto tiene que ser una tarea de todos los días, porque enfrente hay intereses creados muy importantes para que esto no se haga o que no se desarrolle", afirmó (Neuquén Informa, 12/11/2013). En aquella oportunidad el gobernador había sostenido que su gestión no iba a aceptar de ninguna manera "la crítica negativa o la crítica destructiva o el fundamentalismo ambiental".

· A fines de 2013 YPF financió un número completo de la edición local de la revista estadounidense National Geographic. "Vaca Muerta es el nombre-utopía realizable de los que ven en su exploración la posibilidad de recuperar el autoabastecimiento energético", se afirmaba en el artículo introductorio del número que llevó como título general "Viaje al centro de Vaca muerta". En sus páginas se describen las etapas del *fracking*, auguran un porvenir venturoso a Añelo y dan la palabra a un entusiasta Miguel Galuccio, CEO de YPF, además de magníficas fotografías. También hay una ambigua entrevista a la comunidad Kaxipayíñ, que mantiene un juicio con YPF por contaminación en Loma La Lata (ver mito 12). Allí se afirma que los comuneros "se oponen al *fracking* apelando al sentido común", o sea, no se trataría de un juicio de carácter científico. Esa edición especial fue distribuida entre los diputados y senadores nacionales; también la recibieron los legisladores de la ciudad de Buenos Aires, acompañada de una carta firmada por el presidente de YPF.

· En el segundo semestre de 2013 hubo una vasta propaganda televisiva que incluyó un personaje en una telenovela de horario central emitida por Telefé "Vecinos en Guerra", en la cual constantemente aparecen trabajadores de YPF –hombres y mujeres– con la imagen de un pozo para la explotación de la formación Vaca Muerta detrás, asegurando que lo de ellos es una tarea profesional, trasmitiendo la idea de trabajo, eficiencia, seguridad, certezas, soberanía.

· Tal como ya sucedió con la megaminería en 2012, la campaña pro-*fracking* incluyó visitas de periodistas a yacimientos. Así, en diciembre de 2013, YPF S.A. invitó a periodistas de diferentes medios a recorrer las instalaciones desde donde se explota Vaca Muerta. Las coberturas, publicadas en diarios de diferente perfil ideológico –Infobae (13/12), Clarín (15/12) y Tiempo Argentino (16/12)– fueron elogiosas y coincidentes. Como sostiene la periodista Laura Rocha (2014), especializada en cuestiones ambientales, "el *fracking* se lleva todos los títulos cuando se habla de industria petrolera", a lo que se le suma la aparición en todos los suplementos económicos y de energía de los medios oficialistas, nacionales y provinciales, así como aquellos medios opositores.

- En el verano de 2014, YPF colocó en la ciudad balnearia de Pinamar un simulador del *fracking* "de última generación" con el objeto, según el sitio La Guía Petrolera, de "desmitificar algunas de las ideas que giran en torno al procedimiento de estimulación hidráulica, como que se ponen en riesgo las napas de agua y se utilizan químicos peligrosos" (La Guía Petrolera, 05/01/2014).
- En junio de 2014, la Comisión de Energía y Combustibles de la Cámara de Diputados de la Nación, aceptó la invitación de YPF S.A. para visitar Vaca Muerta. Así, diputados de distintos bloques fueron guiados en un paseo por las instalaciones de la petrolera desde donde se explota Vaca Muerta. Ninguno de los legisladores se reunió ni con comunidades indígenas afectadas ni con otros sectores ciudadanas que resisten el avance del *fracking* (*Shale* Seguro, 23/06/2014).

De modo que, cada vez más se instala un discurso único sobre el *fracking*, frente al cual se doblegan aquellos que también buscan creer, olvidar las dudas, dejar atrás los cuestionamientos y apostar a una visión eldoradista, en función de las grandes promesas de Vaca Muerta.

Resulta difícil desmontar tamaña ofensiva publicitaria, que identifica soberanía hidrocarburífera con soberanía energética. Claro está, no son lo mismo, pero teniendo en cuenta que nuestra matriz energética es un 90% dependiente de los combustibles fósiles, la asociación aparece naturalizada. El objetivo es hacer de la necesidad una virtud, esto es, instalar la idea de que el *fracking* no sólo es necesario, sino también bueno. La potente campaña, que toma el elemento emotivo del nacionalismo petrolero ypefiano –pero no profundiza en el político–, apunta a construir un discurso único sobre el *fracking*.

En suma, el avance del "Consenso del *Fracking*" reafirma la dependencia de los combustibles fósiles, pero también el de la dependencia con las grandes empresas trasnacionales, embarcándonos ciegamente en la explotación de hidrocarburos no convencionales, que no sólo requieren de zonas de sacrificio sino que presentan mayores costes operativos, son más difíciles de extraer, más contaminantes y sus yacimientos presentan una vida útil inferior respecto de otros tipos de energías. Asimismo, no permite las disidencias ni tolera tampoco el pensamiento crítico. No sólo clausura el camino para pensar en otras matrices energéticas, basadas en las energías limpias y renovables, sino también obtura el doble camino del debate societal y el de la democratización de las decisiones. El ataque a las libertades individuales más básicas para imponer el "Consenso del *fracking*" retrotrae la trama no sólo a la cuestión de la violación de los derechos de tercera generación (derechos ambientales y colectivos), sino también a la violación de los derechos de primera generación, esto es, aquellos civiles y políticos, referidos a la libertad de manifestarse y peticionar.

Fuentes consultadas

Clarín (Cantón Marcelo) (2013), "Vaca Muerta. A 3000 metros bajo tierra rompen la roca y aparece el petróleo", en diario *Clarín*, 15 de diciembre de 2013, disponible en: http://www.clarin.com/politica/metros-tierra-rompen-aparece-petroleo_0_1048095230.html

ConcorDía.net (2014), "Gendarmería sacó violentamente a ambientalistas en ruta 015, hay detenidos y un herido", 3 de agosto de 2014, disponible en: http://concordia7.com/index.php/concordia-local/8646-gendarmeria-saco-violentamente-a-ambientalistas-de-ruta-015-hay-detenidos-y-un-herido.html

El Cronista Comercial (2013), "El futuro energético, El shale se afirma como política de Estado", 27 de mayo de 2014, disponible en: http://shaleseguro.com/wp-content/uploads/2014/05/ENERGIA-baja-1.pdf

Infobae (Daniel Sticco) (2013), "Vaca Muerta: Como se ejecuta el plan para la extracción de petróleo en forma no convencional", en diario *Infobae*, 13 de diciembre de 2013, disponible en: http://www.infobae.com/2013/12/13/1530746-vaca-muerta-como-se-ejecuta-el-plan-la-extraccion-petroleo-forma-no-convencional

La Guía Petrolera (2014), "Un simulador de Vaca Muerta en Pinamar", 5 de enero de 2014, disponible en: http://www.laguiapetrolera.com.ar/Un-simulador-de-Vaca-Muerta-en-Pinamar-n-1827.html

La Mañana Neuquén (2014), "Sapag pidió 'no generar terrorismo ambiental'", 21 de marzo de 2014, disponible en: http://www.lmneuquen.com.ar/noticias/2014/3/21/sapag-pidio-no-generar-terrorismo-ambiental_218770

Multisectorial contra la Hidrofractura de Neuquén, (2013), "El extractivismo pide represión", 19 de diciembre de 2013, disponible en: http://wp.me/p1NWJb-fww

National Geographic en español (2013), *Edición especial, La evolución del combustible. Viaje al centro de Vaca Muerta,* vol. 33, Nº 05, noviembre de 2013, México.

Neuquén Informa (2013), "Exposición del gobernador Jorge Sapag en reunión del Club del Petróleo", 12 de noviembre de 2013, disponible en: http://www.neuqueninforma.gov.ar/?p=39793

OPsur (2014), "Comunicado de la Comunidad Winkul Newen", 20 de febrero de 2014, disponible en: http://www.opsur.org.ar/

blog/2014/02/20/neuquen-comunidad-mapuce-winkul-newen-denuncia-intento-de-criminalizacion/

Página/12 (2013), "Contra un decreto", 30 de diciembre de 2013, disponible en: http://www.pagina12.com.ar/diario/sociedad/subnotas/236710-66273-2013-12-30.html

Puerta E (2014), "Neuquén: Solidaridad con mapuches procesados", 13 de marzo de 2014, disponible en: http://www.puertae.com.ar/2014/03/neuquen-solidaridad-con-mapuches-procesados/

Rocha, Laura (2014), "Condena al fracking en Texas", blog en diario *La Nación,* 03 de mayo de 2014, disponible en: http://blogs.lanacion.com.ar/ecologico/author/lrocha/

Río Negro (2013), "Pechen pidió educar en contra del 'terrorismo ambiental'", 14 de diciembre de 2013, disponible en: http://www.rionegro.com.ar/diario/pechen-pidio-educar-en-contra-del-terrorismo-ambiental-1429538-9701-nota.aspx

Shale Seguro (2014), "Diputados visitaron Vaca Muerta ante la nueva ley petrolera", 23 de junio de 2014, disponible en: http://shaleseguro.com/diputados-visitaron-vaca-muerta-ante-la-nueva-ley-petrolera/

Svampa, Maristella (2014) "La peligrosa construcción de un "relato" sobre el fracking", en diario *La Vanguardia*, 21 de marzo de 2014, disponible en: http://www.vanguardiaps.com.ar/la-peligrosa-construccion-de-un-relato-sobre-el-fracking/

Svampa, Maristella y Viale, Enrique (2014), "El avance del consenso del fracking", en diario *La Vanguardia*, 03 de junio de 2014, disponible en: http://www.vanguardiaps.com.ar/el-avance-del-consenso-del-fracking/

Telefe, (2013), "Vecinos en Guerra", disponible en: http://www.youtube.com/watch?v=RpyFvGjPAHM

Tiempo Argentino (Ignacio Chausis) (2013), "Un día en Vaca Muerta. La reserva petrolera más atractiva de la región", en diario *Tiempo Argentino*, 16 de diciembre de 2013, disponible en: http://tiempo.infonews.com/2013/12/16/argentina-115110-un-dia-en-vaca-muerta-la-reserva-petrolera-mas-atractiva-de-la-region.php

Sexto eje:
Energía. Alternativas. Transiciones.
Sustentabilidad

18- ¿Cuál es la actual matriz energética y su relación con el crecimiento exponencial? ¿El actual modelo de crecimiento y de consumo es sostenible?

Aportes de Pablo Bertinat

Paralelamente al proceso de desarrollo del modelo capitalista desde sus orígenes hasta sus formas actuales, tiene lugar la tendencia de degradación de los sistemas ambientales, directa o indirectamente asociados a la vida humana sobre el planeta, generada por la utilización indiscriminada de recursos naturales sin considerar su rol ecosistémico ni sus posibilidades de recuperación.

En este contexto, el cambio climático[1] constituye una problemática de alcance global, gran parte de cuyas causas se asocia a los impactos de las actividades humanas bajo la lógica del modelo económico-productivo. Un modelo que entendemos es ecológicamente destructivo, económicamente concentrador y socialmente excluyente[2], siendo su finalidad

1 La Convención Marco de las Naciones Unidas sobre el Cambio Climático (CMNUCC), en el Artículo 1, define al cambio climático como "[...] el cambio de clima atribuible directa o indirectamente a la actividad humana que altera la composición de la atmósfera mundial y que se suma a la variabilidad natural del clima observada durante períodos de tiempo comparables." (IPCC, 2007).

2 En el Informe sobre Desarrollo Humano 2007-2008 del Programa de Naciones Unidas para el Desarrollo (PNUD), se describe información que demuestra el deterioro de las condiciones ambientales y el incremento de la pobreza (PNUD, 2007).

prioritaria el crecimiento económico en base a la utilización creciente de materia y energía.

De hecho, la estructura energética actual, dependiente de fuentes fósiles en rápido proceso de agotamiento y generadora de emisiones gaseosas que agudizan el efecto invernadero[3], es la principal causa antrópica del calentamiento global, fenómeno que pone en riesgo la biodiversidad y en consecuencia los procesos productivos humanos y la existencia a futuro de la especie[4].

A fin de construir información fidedigna referida a la envergadura de estos riesgos, se ha desarrollado un número importante de indicadores[5] que revelan el impacto ambiental –en un sentido amplio, considerando todos los componentes y relaciones significativas para el sistema humano– producido por el tipo y la intensidad de las acciones antrópicas en el marco del modelo actual. Éstos muestran la magnitud de los efectos de las acciones humanas, visualizan información relativa a la finitud de los recursos y alertan sobre la posible irreversibilidad de muchos de los efectos a los que se hace referencia. Estas nuevas herramientas indican con claridad otras facetas del modelo de producción y consumo vigente,

3 "La vida en la Tierra es posible gracias a la energía que emite el Sol, que llega sobre todo en forma de luz visible. Un 30% de la luz solar, aproximadamente, se dispersa inmediatamente y vuelve al espacio, pero la mayor parte de la energía restante atraviesa la atmósfera para calentar la superficie de la Tierra, que la refleja más lentamente y la "devuelve" en forma de radiación infrarroja o térmica. Esta radiación infrarroja es transmitida lentamente por las corrientes de aire, y su liberación final en el espacio se ve frenada por los llamados gases de efecto invernadero (GEI) como el vapor de agua, el dióxido de carbono, el ozono y el metano. De un modo muy simplificado, lo que hace el efecto invernadero es provocar que la energía que llega a la Tierra por radiación solar sea "devuelta" más lentamente al espacio, de tal modo que el calor se mantiene más tiempo junto a la superficie." (Bertinat y Pedace, 2007).

4 El Cuarto Informe del Panel Intergubernamental sobre Cambio Climático y sus sucesivas actualizaciones advierten sobre la necesidad de revertir de manera urgente el proceso instaurado de calentamiento global. El ya citado Informe sobre Desarrollo Humano (PNUD) 2007-2008 alerta sobre la imposibilidad de alcanzar los objetivos del milenio si no se avanza en medidas efectivas frente al Cambio Climático y advierte sobre la reversión del proceso de desarrollo imperante de no concretarse dichas medidas.

5 Si bien existe un amplio abanico de nuevos indicadores, se hace referencia a los siguientes: "Índice de Bienestar Económico Sustentable" elaborado por Daly y Cobb, "Huella Ecológica" desarrollado por Wackernagell y Rees, "Espacio Ambiental" desarrollado por Spangemberg y "Planeta Vivo" desarrollados por WWF (World Wildlife Found). Algunos de ellos trabajan sobre una modificación del indicador Producto Bruto Interno incorporando variables ambientales y sociales, otros atienden a la finitud de los recursos y sumideros y existen también los que analizan la extinción de especies.

en cuyo marco, el aumento de indicadores comúnmente utilizados como el Producto Bruto Interno (PBI), intentan demostrar la evolución positiva del proceso sin incorporar los impactos negativos producidos por el mismo modelo (Bertinat, 2011).

Ante estas evidencias, muchas de ellas perceptibles en la vida cotidiana más allá de la información arrojada por los indicadores mencionados, resulta inevitable reconocer la imposibilidad del crecimiento económico infinito, horizonte del modelo actual, en un planeta con recursos finitos. No obstante la idea existente que la tecnología podría resolver esta cuestión, los estudios científicos y los hechos demuestran que la misma es sólo una especulación incompatible con la realidad, basada en el paradigma positivista que plantea que la ciencia podrá dar solución a todos los problemas[6].

El amplio y ambiguo concepto de "desarrollo sustentable"[7], entendido como aquél que permite "Satisfacer las necesidades de las generaciones presentes sin comprometer las posibilidades de las futuras para atender sus propias necesidades (UNCED/CNUMA, 1987) plantea –en teoría– una aproximación multidimensional al desarrollo. Esta conceptualización, en realidad no ha sido útil aún para superar la preeminencia de la dimensión económica –y de su crecimiento como indicador principal de los procesos– por sobre las otras dimensiones de la sustentabilidad[8]. Si bien la noción misma de desarrollo sustentable ha sido aceptada e inte-

6 Se hace referencia a los trabajos realizados por el Instituto Tecnológico de Massachusetts para el Club de Roma, que establecen fundamentos fehacientes sobre la imposibilidad de un crecimiento material sin límites. También se consideran los estudios sobre la Teoría del Decrecimiento desarrollada –entre otros– por Serge Latouche.

7 José M. Naredo hace referencia a dicha ambigüedad y sus efectos negativos a la hora de considerar las diferentes dimensiones de la sustentabilidad (Naredo, 2002).

8 Estas dimensiones se basan en el esquema teórico planteado por Nijkamp (1990) de las tres esferas de la sustentabilidad –económica, social y ecológica– y sus correspondientes objetivos: para la sustentabilidad *económica*, productividad; para la *social*, bienestar; y para la *ecológica*, integridad y funcionalidad. Este esquema fue utilizado como fundamento del discurso central del documento base de Río ´92 y en la proposición metodológica de la construcción de las Agendas Locales XXI (Fernández, 1999).
Retomando este esquema, Coraggio (1998), entre otros autores, refiere a la indispensable dimensión *política* de la sustentabilidad, basando su importancia en la participación democrática, la autodeterminación de las comunidades locales o regionales y de los pueblos indígenas en relación a poderes centralizados, y las reivindicaciones de equidad en la participación en el ámbito de los territorios, los géneros, las generaciones y las culturas, y también la coherencia entre los ámbitos público y privado. Esta dimensión política de la sustentabilidad permite profundizar los mecanismos de la práctica democrática y por tanto los niveles crecientes de gobernabilidad (Coraggio, 1998).

grada en el discurso político de gobiernos y Agencias de Desarrollo[9], así como en el de amplios sectores de la sociedad y del mundo empresarial, las tendencias globales que determinan la significativa degradación de los ecosistemas que sustentan la vida en el planeta, no han cambiado de dirección en forma significativa (Conosur Sustentable, 2002).

El enfoque dominante de la sustentabilidad ha priorizado la dimensión económica –en términos efectivos– y la ecológica –en términos discursivos– por sobre la dimensión social. Esto, que ha sido posible a través de políticas públicas resultantes de intereses análogos entre el poder político y económico, hace que el objetivo de alcanzar el bienestar de la población y una relación más armónica con la naturaleza sea cada vez más lejano. De hecho, este objetivo –en un mundo con cada vez menos recursos naturales disponibles para todos– resulta inviable sin equidad ni participación democrática. La marcada relevancia de la dimensión económica por sobre las demás, anuda las posibilidades de desarrollo a las de crecimiento económico tradicional.

Es importante subrayar que el constante incremento del consumo energético es un rasgo inevitable del modelo de crecimiento económico tal como está concebido y que la gran dependencia del mismo de fuentes no renovables –como el petróleo, el carbón y el gas– ponen en riesgo inminente dicho crecimiento. Desde la década iniciada en 1970 se ha instalado la idea de la existencia de una crisis energética. En general, los discursos[10] alrededor de este problema suelen asociarse a las dificultades para constituir una oferta de energía, en términos mercantiles, acorde a una demanda siempre creciente.

El fuerte proceso de crecimiento de la economía en términos convencionales, cuyo indicador más representativo, como se mencionara, es el Producto Bruto Interno, estableció, entre otras cuestiones, la certeza que las necesidades de energía van por delante de las posibilidades de dicho crecimiento de la economía. Esto implicó el hecho de asociar crecimiento a energía sin visualizar otras posibilidades, debido a que un aumento constante de la misma constituye un requerimiento imprescindible del

9 Conjunto de instituciones a través de las cuales se canalizan aportes económicos de apoyo al desarrollo impulsados por los países desarrollados y destinados a los países denominados "en desarrollo".

10 Las principales instituciones que trabajan la cuestión energética, como la Agencia Internacional de Energía (AIE), La Organización Latinoamericana de Energía (OLADE) entre otras, así como los departamentos de Estado asociados al área de energía de la mayoría de los países subsumen el análisis del abastecimiento energético a la idea de generar condiciones de mercado que permitan resolver el problema.

modelo económico-productivo vigente. De acuerdo al informe de la Comisión Europea (2000) se relaciona esta situación al carácter "energívoro" de la economía vigente. Más allá de la diferencia de intensidad energética entre los denominados países desarrollados y no desarrollados, la cantidad de energía utilizada se mantiene siempre creciente.

Como se ha explicitado previamente, en el Primer Informe del Club de Roma sobre los límites del crecimiento, se plantea la tesis que, en un planeta limitado, las dinámicas de crecimiento exponencial (población y producto per cápita) no son sostenibles, haciendo alusión a la idea de sustentabilidad.

No resulta ya posible minimizar ni soslayar la existencia de límites precisos en cuanto a los recursos existentes en el planeta, hecho que inhabilita la idea de una utilización constantemente creciente de los mismos. Esta irracional apropiación, responsable de los impactos por contaminación, pérdida de biodiversidad y alteración de los funcionamientos ecosistémicos, sólo puede ser revertida limitando el proceso de materialización propio del modelo socio-económico capitalista, intensificado a partir de 1950.

Se asume, asimismo, la necesidad de avanzar hacia un proceso tendiente a garantizar condiciones de mejora del nivel de vida de la población en estado de pobreza y marginalidad, a través de estrategias que permitan reducir la tremenda inequidad social, ampliando las posibilidades reales de participación política y redistribución económica

Ya en la década del '70, Celso Furtado (1974, citado por Dora Da Costa [2002]) llamaba la atención respecto a que la cuestión del desarrollo económico en los moldes vigentes, se acercaba a la característica de mito. Aquella idea de desarrollo, suponía que los patrones de consumo creados por el modelo económico de los países centrales, podrían ser universalizados y resultar accesibles a todos los habitantes del planeta. Asimismo, Furtado afirmaba que "[...] La ingenuidad consiste en pensar que problemas de ese orden serán solucionados, obligatoriamente, por el progreso tecnológico, como si la actual aceleración del proceso tecnológico no estuviese contribuyendo a agravarlos" (Ibid, 2002: 35).

De acuerdo a lo expuesto, desarrollo se asimila, generalmente, a "crecimiento económico" y éste al crecimiento del conjunto de bienes y servicios que se producen, no importando el tipo de bienes, para qué y para quiénes son destinados. En definitiva, existe en esta concepción la siguiente idea mecanicista: el desarrollo de los seres humanos sería consecuencia del económico que, en realidad, se asocia con acceso de la sociedad a un conjunto de bienes y servicios. En consecuencia, se anuda el desarrollo a la producción de bienes que, en los hechos, no están distribuidos equitativamente y que, además, experimentan –en la mayoría de los casos– un fuerte proceso de reducción de su vida útil, ya sea por cuestiones meramente técnicas como culturales, lo que los transforma en algún tipo de residuo. Esto demuestra que la lógica de este proceso es esencialmente perniciosa para la mayor parte de la población y, a mediano y largo plazo, destructiva para la humanidad en su conjunto.

En este contexto Elizalde (2002: 114) plantea que "[...] el modelo de "desarrollo" imperante, entendido como crecimiento sostenido, es tributario de un sistema de creencias anclado a la ideología del progreso y es (eventualmente) la culminación del paradigma científico moderno. Si queremos alcanzar la sustentabilidad, es imprescindible la modificación de tal sistema de creencias. En esta perspectiva, adquiere pleno sentido la propuesta de una nueva teoría sobre las necesidades humanas ..."

Considerando que la naturaleza humana ha permanecido inalterable a lo largo de la historia y de las culturas, Elizalde sostiene que existen necesidades fundamentales para el conjunto de los seres humanos, fuertemente vinculadas a lo que se conoce como derechos humanos.

Elizalde, Hopenhayn y Max Neff (1986), abordan las relaciones entre los conjuntos que ellos denominan necesidades, satisfactores y bienes. Detectan, a partir de su estudio, la fuerte dependencia de un número creciente de bienes para satisfacer necesidades humanas que se ha venido profundizando con el desarrollo del capitalismo. Trabajan también sobre las dimensiones asociadas a la culturalidad, como condición necesaria para el desarrollo de un futuro menos dependiente de materiales y energía.

Los procesos de producción y consumo de energía a niveles globales y locales presentan una relación directa con los conflictos ecológico-distributivos y la sustentabilidad de los ecosistemas.

Las posturas y/o intereses que intervienen en los debates actuales, incrementan el nivel de complejidad de la problemática general y ponen en evidencia la necesidad de reflexionar sobre estos planteos desde una perspectiva integradora. Este enfoque debiera otorgar la debida relevancia a la transición, entendida como un indispensable proceso de transformaciones y adaptaciones parciales que permitan un cambio tendencial hacia otra situación energética. Dicho cambio, será posible mediante abordajes operativos holísticos pero, a la vez, adecuados para cada contexto particular.

De acuerdo a lo planteado por Enrique Leff (2008:3), el problema pasa por "¿Cómo desactivar el crecimiento de un proceso que tiene instaurado en su estructura originaria y en su código genético un motor que lo impulsa a crecer o morir? ¿Cómo llevar a cabo tal propósito sin generar como consecuencia una recesión económica con impactos socioambientales de alcance global y planetario?"

Fuentes consultadas

Bertinat, P. (2011), *Dimensiones, variables e indicadores para el análisis de la sustentabilidad energética*, Rosario, Trabajo de Tesis para acceder al título de Magister en Sistemas Ambientales Humanos, Centro de Estudios Interdisciplinarios, Universidad nacional de Rosario.

Bertinat, P. y Pedace, R. (2007), *Hoy es Mañana. Aspectos esenciales sobre el Cambio Climático.* Rosario, Inercia Comunicaciones.

Coraggio, J. L. (1998), *Economía urbana y metropolitana,* Quito, Ediciones Abya-Yala /ILDIS/FLACSO.

Conosur Sustentable (2002), *Aporte ciudadano a la construcción de sociedades sustentables,* Santiago de Chile, Programa Conosur Sustentable.

Comisión Europea (2000), *Libro Verde. Hacia una estrategia europea de seguridad de abastecimiento energético,* Luxemburgo, Comisión Europea.

Da Costa, D. H. (2002), "Línea de dignidad definiciones y propuestas", en *Línea de dignidad. Desafíos sociales para la sustentabilidad*, Pp. 31-47, Santiago de Chile, Programa Conosur Sustentable.

Elizalde, A. (2002), "Satisfacción de necesidades humanas para una vida digna: línea de dignidad y necesidades humanas fundamentales", en *Línea de dignidad. Desafíos sociales para la sustentabilidad*, Pp. 113-131, Santiago de Chile, Programa Conosur Sustentable.

Elizalde, A.; Hopenhayn, M. y Max-Neef, M. (1986), "Desarrollo a escala humana, una opción para el futuro", en *Development Dialogue,* Motala, Suecia, CEPAUR.

IPCC. (2007), *Documentos Convención Marco de las Naciones Unidas sobre el Cambio Climático. The physical science basis. Contribution of Working Group I to the fourth Assesment Report of the IPCC,* Cambridge, University Press.

Leff, E. (2008), "Decrecimiento o desconstrucción de la economía hacia un mundo sostenible", en revista *Polis Nº 21,* Universidad Bolivariana, Santiago de Chile.

Naredo, J. M. (2002), *Ciudades sostenibles. Elementos para paliar la insustentabilidad de los sistemas urbanos,* Madrid, marzo de 2002, disponible en: http://habitat.aq.upm.es/boletin/n24/ajnar.html

Nijkamp, P. (1990), *Regional Sustainable development and nature ressource use,* Washington, WB Annual Conference on Development Economics.

PNUD. (2007), *Informe sobre Desarrollo Humano 2007-2008. La lucha contra el cambio climático. Solidaridad frente a un mundo dividido,* Programa de Naciones Unidas para el Desarrollo.

UNCED/CNUMA. (1987), *Our Common Future. Report of the Uniteds Nations Commision on Environment and Development,* Oxford, Oxford University.

19 - ¿Por qué hay que cambiar la matriz energética? ¿Es necesario producir más energía? ¿Para qué? ¿Para quienes? ¿Es posible otra matriz energética?

Aportes de Pablo Bertinat

Varios interrogantes son necesarios de desentrañar antes de ver cuestiones denominadas "técnicas" acerca de la energía. En primer lugar deberíamos intentar ponernos de acuerdo respecto a una pregunta elemental: ¿hay que cambiar la matriz energética?, ¿por qué? Y si esto es así, ¿es posible?, ¿cómo?

Ya hemos dicho a lo largo de este libro que el desarrollo de los últimos dos siglos, con su impetuoso crecimiento de la producción material y de la población mundial, ha estado sostenido por el crecimiento exponencial de la utilización de energía. Las fuentes predominantes a nivel mundial son petróleo, gas y carbón representando casi el 90% de las fuentes energéticas utilizadas. No es objeto de este trabajo hacer un detalle de las consecuencias de esta estructura energética pero creemos necesario, al menos, enumerar las más relevantes ya que en muchos casos allí radican las causas de la necesidad de los cambios.

Entre las consecuencias o impactos del modelo energético podemos observar entonces (Bertinat, 2013):

- Alta concentración respecto a la propiedad y manejo de los recursos energéticos convencionales.
- Altos niveles de conflictividad alrededor del acceso a las fuentes energéticas.
- Fuertes impactos sobre las poblaciones afectadas por toda la cadena de exploración, extracción, transformación y uso de la energía.
- Altos impactos ambientales sobre la biodiversidad en zonas rurales y urbanas.
- La utilización de las fuentes convencionales de energía son causantes de las dos terceras partes de las emisiones de gases de efecto invernadero, causantes del proceso de calentamiento global.
- Los impactos de las grandes obras de infraestructura energética, en todos los eslabones de su cadena, sobre los territorios, la biodiversidad y las comunidades afectadas.
- Las inequidades relacionadas a las características de apropiación de la energía y sus beneficios en toda la cadena productiva.
- La apropiación privada y con fines de lucro de los bienes y servicios energéticos. La mercantilización de las cadenas energéticas en todas sus etapas.
- La ausencia de la participación ciudadana en la construcción de las políticas energéticas y sobre todo en la posibilidad de decidir sobre los usos del territorio son una característica inherente al sistema energético vigente.

En el transcurso de las últimas décadas se ha ido modificando también el escenario de los que reclaman cambios frente a la situación energética. Mientras en décadas pasadas las primeras críticas provenían de los ecologistas que cuestionaban la idea del crecimiento material perpetuo y los impactos ambientales de la utilización de los combustibles fósiles, rápidamente se fueron agregando a los críticos del estado de situación energética los movimientos de afectados y resistencias a los emprendimientos energéticos depredadores y expulsores. Estos mismos movimientos visualizaron hace ya tiempo la necesidad de pensar en alternativas que les permitan evitar la expoliación de sus territorios.

No obstante, en la última década se puede notar una demanda clara por parte de organizaciones de diverso tipo y carácter, personalidades, gobiernos, empresas, entre otros, para cambiar la realidad energética. Una muy rápida búsqueda reporta que es muy grande la cantidad de actores sociales de todo tipo que reclaman un cambio en la matriz energética, sin embargo, no todos entienden lo mismo por esta idea.

Si bien las causas del reclamo por el cambio de la matriz son diversas, hay una que aglutina la mayoría de los reclamos. Esta es, la necesidad de reducir las emisiones de gases de efecto invernadero que se configuran como la principal causa del calentamiento global. Este proceso se visualiza como el principal problema socioambiental al cual nos enfrentamos como especie. Esta única causa ameritaría ya el pensar el cambio de la estructura energética mundial y local.

De esta manera, encontraremos entre los más fervientes impulsores de disminuir el peso de los combustibles fósiles a instituciones como las Naciones Unidas a través de sus diversos organismos, en especial el Programa de Naciones Unidas para el Desarrollo (PNUD), la Agencia Internacional de Energía (AIE) que representa los intereses de los países desarrollados (OCDE), pero también muchos gobiernos de países tanto desarrollados como en desarrollo. Esto que parecía una locura ecologista está en el discurso de casi todo el mundo, incluso lo encontramos en documentos oficiales de países típicamente petroleros como Ecuador.

Sin embargo, esto no es así en Argentina. Los cuadros dirigentes de gobierno como de oposición no visualizan, más allá de algunos discursos aislados, la posibilidad de disminuir la dependencia de los combustibles fósiles. Predominan discursos nacionalistas o posibilistas que intentan priorizar el agujereado de todo el país como si el sol, el viento, la biomasa, las mareas y demás fuentes energéticas no fueran tan argentinas como el *shale gas* o no estuvieran disponibles en condiciones abundantes. Disminuir drásticamente la utilización de petróleo, gas y carbón es una condición necesaria para la supervivencia humana en el largo plazo, pero no resulta suficiente.

Aquellos que recogemos el guante de pensar el futuro desde la ecología política creemos que es imperiosamente necesario cambiar la matriz energética tanto local como mundial. Pero entendemos que este cambio no se limita a un cambio físico referido al tipo de fuentes utilizadas. Es necesario incorporar al cambio físico otros aspectos que tienen que, ver entre otros elementos, con:

- Democratizar las políticas energéticas.
- Transformar a la energía en un derecho en el marco de todo un nuevo conjunto de derechos.
- Desprivatizar donde sea necesario y desconcentrar la lógica del funcionamiento del sistema energético.
- Repensar el nuevo sistema energético en un marco de límites al

crecimiento pero también de flagrante inequidad.

- Pensar que las alternativas energéticas no deben ser sólo fuentes renovables de energía sino también utilizadas sustentablemente.
- Construir un modelo de satisfacción de necesidades humanas menos intensivo en energía y materiales y equitativo.

Una restricción importante debe ser tomada en cuenta a la hora de pensar acerca de la construcción de políticas energéticas de otras características. La misma se refiere a la concepción de las políticas energéticas como una política sectorial de las políticas de desarrollo. En este marco, la configuración actual de las mismas se asocia a la idea de establecer herramientas y mecanismos que garanticen el funcionamiento pleno de un modelo de desarrollo asociado al crecimiento material infinito. Las políticas energéticas resultan de este modo subsidiarias de un modelo insaciable y excluyente. Así, la mirada convencional, intenta primordialmente garantizar una oferta suficiente ante una demanda creciente. La energía, en tanto mercancía, se configura entonces como una herramienta imprescindible para la reproducción del capital (Ibidem, 2013: 164).

La restricción abordada plantea entonces el desafío de poder pensar y desarrollar alternativas energéticas que puedan subvertir el orden establecido en el marco del mismo sistema. Una solución sencilla sería la de plantear la imperiosa necesidad de alcanzar otro desarrollo, de desplegar un modelo productivo de otras características para, en ese marco construir un modelo energético alternativo.

> "Sin embargo creemos que existen posibilidades y condiciones, además de la urgente necesidad temporal –por las restricciones ambientales y sociales– de generar alternativas que contemplen no solo variantes tecnológicas sustentables sino también mecanismos y formas de relacionamiento alrededor de la energía que debiliten las relaciones capitalistas y permitan acumular experiencias asociadas a nuevos paradigmas como el Buen Vivir, el ecosocialismo u otras expresiones en tanto construcciones alternativas" (Ibid, 2012: 165).

A nivel regional, probablemente, el cambio mayor se observa en la última década con la recuperación de la propiedad sobre los recursos fósiles principalmente. Sin embargo, rasgos importantes de las reformas neoliberales desarrolladas en los noventa en el sector se siguen manteniendo hoy en día, independientemente de que los gobiernos sean más o menos progresistas. Pese a que se visualiza una marcada vocación por retomar el comando de la definición de las políticas energéticas, el curso de las acciones no muestra cambios estructurales.

Desde la perspectiva de la "sustentabilidad superfuerte" (Gudynas, 2011), la construcción de la sustentabilidad energética requiere desarrollar alternativas a la concepción de la energía en tanto capital, para fortalecer la idea de patrimonio y de derecho. Desde este enfoque, se requieren para su análisis valoraciones múltiples (ecológicas, éticas, estéticas, culturales, económicas, sociales, políticas, etc.) y por lo tanto el reconocimiento de valores intrínsecos de la naturaleza por encima de las preferencias humanas y de las valoraciones crematísticas.

Se trata de entender la dinámica del sistema energético enfocando aquellas variables y relaciones que nos permitan explorar posibilidades de reorganización con el objetivo de reducir la utilización de energía, hacer posible el reemplazo progresivo de fuentes, al tiempo que se construyen mecanismos, formas, estilos, que permitan alcanzar niveles de vida adecuados, para todos los seres humanos según sus contextos y culturas.

El enfoque a partir del cual enfrentar este desafío, debe permitir visibilizar no sólo las relaciones correspondientes a los procesos de extracción, generación, consumo y degradación energética, sino también otro tipo de relaciones existentes entre estos y los distintos componentes de los sistemas ambientales humanos considerados integralmente.

Queda claro entonces, creemos, que son necesarios cambios en la matriz energética. Veamos cual es la situación energética de Argentina y luego abordamos por dónde pensar el hacia dónde y cómo. En este apartado nos referiremos a aspectos relacionados con la realidad física de las fuentes utilizadas y los usos de la misma de manera de que pueda sernos de utilidad a la hora de pensar en alternativas y procesos de transición posibles.

Argentina tiene una dependencia de los combustibles fósiles en una escala similar a la mundial. La diferencia radica en que el peso central en nuestro país lo juega el gas natural. Por otro lado, no existe una presencia del carbón como si lo hay a nivel mundial. Esta dependencia de los combustibles fósiles es mayor que la existente en la estructura latinoamericana.

En las figuras 1 y 2 podemos observar las estructuras de producción y oferta interna de fuentes primarias de energía. Las diferencias entre ambas radican en las exportaciones e importaciones energéticas a las cuales haremos referencia más adelante.

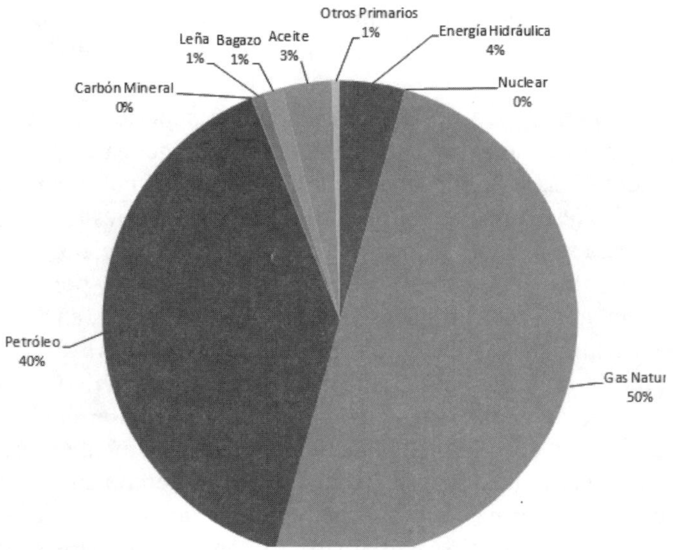

Figura 1: Producción Energía Primaria (2012).
Fuente: Elaboración propia en base a Balance energético Nacional 2012.

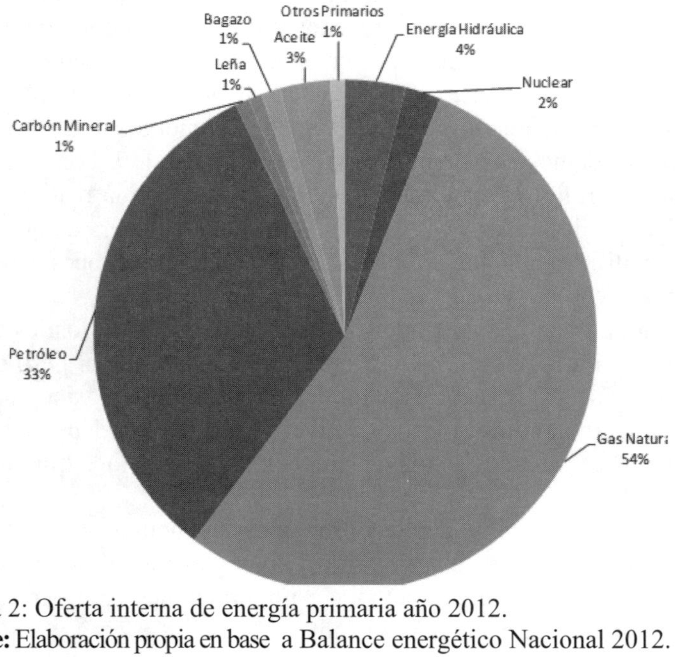

Figura 2: Oferta interna de energía primaria año 2012.
Fuente: Elaboración propia en base a Balance energético Nacional 2012.

La estructura es básicamente fósil, esto es así desde hace varias décadas y solo se ha observado un decrecimiento relativo del peso del petróleo que fue sustituido el incremento de la utilización de gas natural. Otro rasgo de los últimos años es la incorporación como fuente primaria de energía de la porción de aceite vegetal que se utiliza para producir agrocombustibles.

En la figura 3 podemos observar cómo ha sido el trayecto de la oferta interna de fuentes primarias de energía. Se puede observar el importante crecimiento que ha tenido en la serie desarrollada.

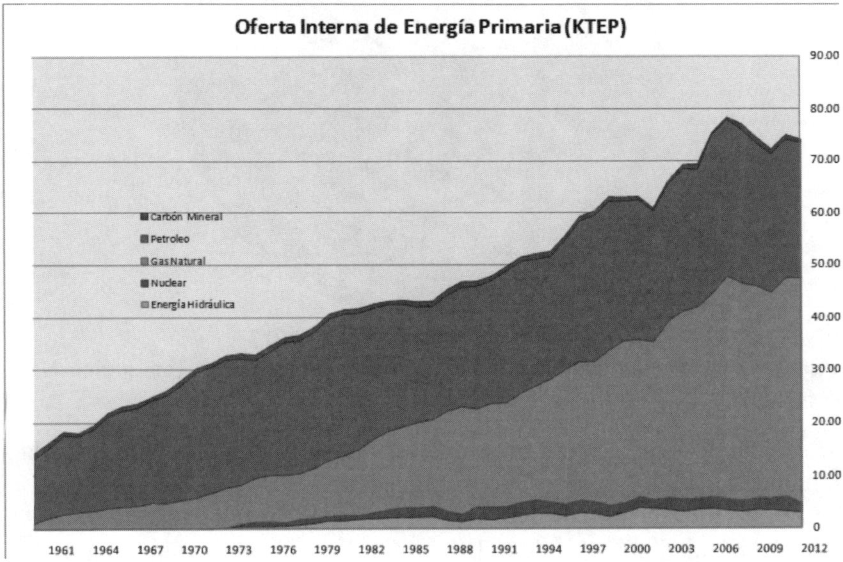

Figura 3: Oferta interna energía primaria 1961-2012 en miles de toneladas equivalentes de petróleo.
Fuente: Elaboración propia en base a información Balance Energético Nacional 2012.

Es de hacer notar el casi inexistente peso de las fuentes renovables de energía entre las fuentes primarias. Las fuentes primarias son aquellas tal cual las encontramos en la naturaleza pero no son las que se destinan en general al uso final. En general, las fuentes primarias son sometidas a algún tipo de proceso de transformación de manera de obtener las fuentes secundarias que son las que se destinan mayoritariamente al consumo final. Resulta necesario analizar la estructura de fuentes secundarias de energía para poder pensar en alternativas. Con esta finalidad presentamos la figura 4.

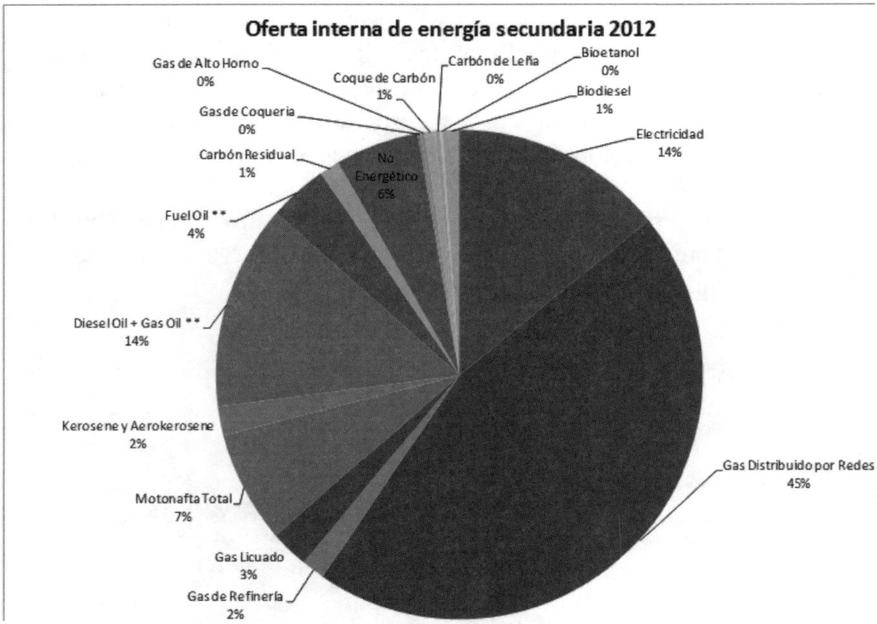

Figura 4: Oferta interna de energía secundaria año 2012.
Fuente: Elaboración propia en base a información Balance Energético Nacional 2012.

Del análisis del gráfico podemos ver que el gas representa más de la mitad de los recursos energéticos utilizados, que los combustibles líquidos representaron aproximadamente un cuarto de las fuentes energéticas y la electricidad un 14%[1] de toda la oferta interna de energía secundaria en el país.

Es importante detenerse unos instantes para observar el prácticamente inexistente peso de las energías renovables tanto entre las fuentes primarias como las secundarias.

En el otro extremo, en la figura 5, podemos observar como es la estructura de consumo de energía estructurada en los diferentes sectores de consumo

1 Si bien no es intención del trabajo hacer un análisis de detalle, debemos tener en cuenta que este 14% de la electricidad representa proporcionalmente más energía primaria que los otros recursos energéticos debido a la baja eficiencia relativa de producción de electricidad comparada con la producción de otros energéticos secundarios.

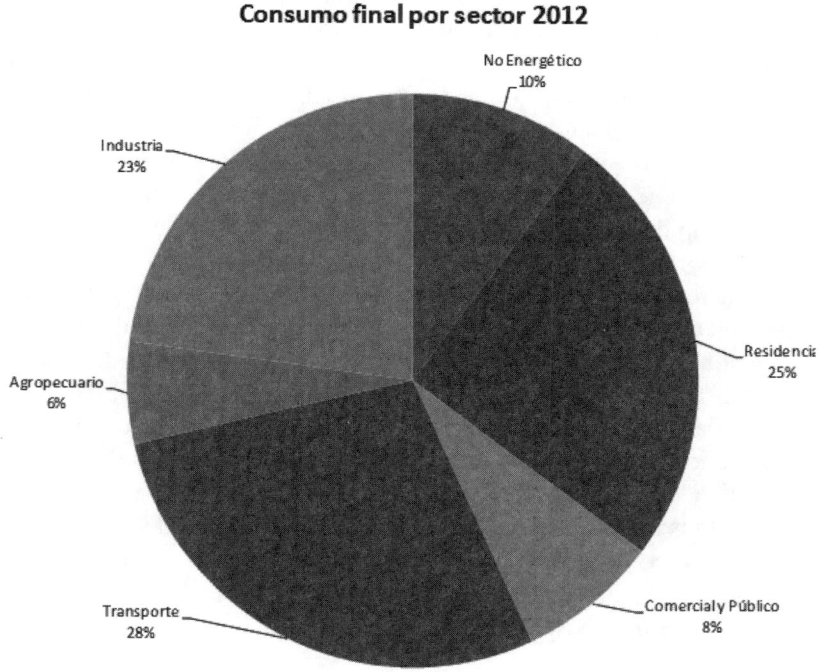

Figura 5: Consumo final por sector año 2012.
Fuente: Elaboración propia en base a información Balance Energético Nacional 2012.

Históricamente el sector de mayor consumo de energía es el transporte. Exceptuando algunos pocos años en los cuales la industria lo ha superado, esto es así desde que se tienen estadísticas nacionales. El segundo lugar histórico lo ha ocupado la industria pero en el año de análisis fue superada por el sector residencial. Lo que se indica como "no energético", que en el año 2012 se incrementó respecto a años anteriores, es el porcentaje de energéticos que se utilizan con fines no energéticos; básicamente finalidades petroquímicas, fertilizantes, agroquímicos y otros materiales.

Por otro lado, es necesario volver a preguntas más elementales acerca del actual modelo energético. Por ejemplo, producir energía ¿para qué y para quién? "Hoy, el sistema energético está diseñado para sostener las necesidades del modelo exportador primario y para garantizar la seguridad energética que requiere la producción / extracción de recursos de la región ante la creciente demanda de energía y el agotamiento relativo de recursos para producirla en otros países y regiones" (Bertinat y Salerno: 2006:6).

La energía aparece como subsidiaria del modelo extractivo y esto está lejos de haber sido revertido por los gobiernos progresistas. Así, en nuestro país, sólo tres mega-emprendimientos mineros consumen la energía equivalente a la que otorga Atucha I; una sola empresa como Aluar consume tanto gas como el que importamos de Bolivia; minera La Alumbrera consume más energía que toda la provincia de Catamarca y, por último, la empresa Barrick –en Pascua Lama–, de ponerse en marcha, dilapidaría casi 1.000 millones de litros de hidrocarburos durante todo su proceso extractivo.

Queremos cerrar este breve análisis de la situación energética nacional con un panorama de las exportaciones e importaciones de energía, ya que el mismo puede mostrarnos algunos aspectos importantes a la hora de pensar alternativas.

En la figura 6 podemos observar las importaciones y exportaciones energéticas del año 2012 –debemos tener en cuenta que están expresadas en unidades de energía y no en dinero–. Podemos observar que en dicho año hemos importado combustible nuclear y gas natural y en menor medida petróleo y carbón y hemos exportado petróleo. Esto es interesante de analizar en función de la lógica exportadora en un contexto de escasez como el que existe en el país.

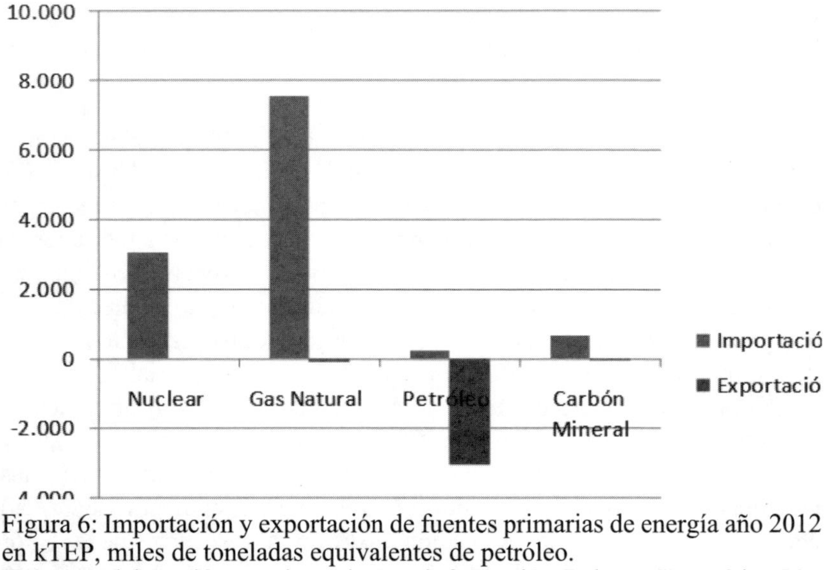

Figura 6: Importación y exportación de fuentes primarias de energía año 2012 en kTEP, miles de toneladas equivalentes de petróleo.
Fuente: Elaboración propia en base a información Balance Energético Nacional 2012.

En la figura 7 podemos observar un análisis del trayecto de las importaciones de energéticos primarios en los últimos años. Allí se constata la tendencia creciente de las importaciones de gas. El creciente perfil importador del gas natural, principal energético, se debe a dos razones claras, el decrecimiento de la producción local y el crecimiento del consumo, ambos factores a tener en cuenta si de alternativas se trata.

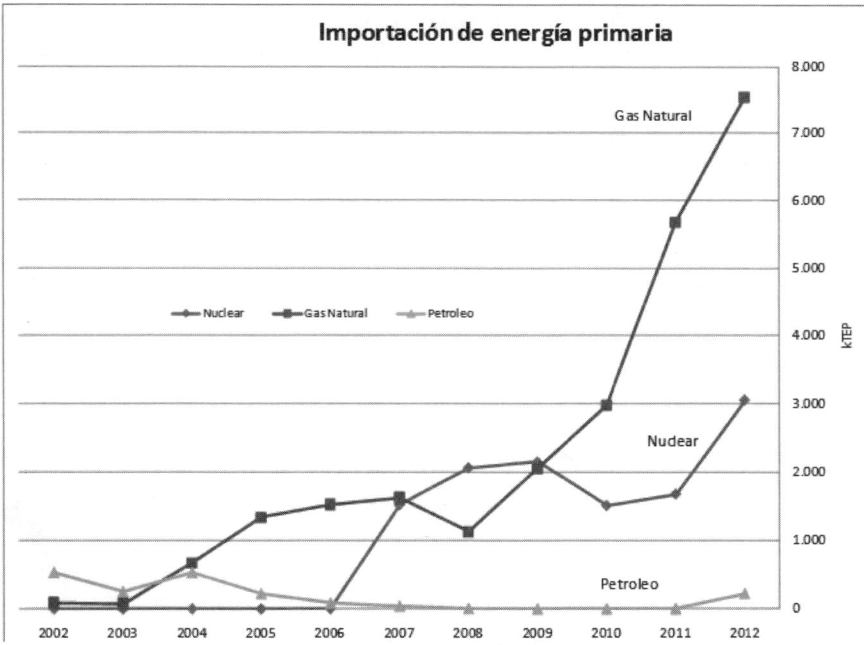

Figura 7: Importación de energía primaria años 2001-2012.
Fuente: Elaboración propia en base a información Balance Energético Nacional 2012.

Somos conscientes de que el presente es un análisis que solo muestra los datos físicos más relevantes, pero puede sernos útil para pensar.

Fuentes consultadas

Bertinat, P. (2013), "Un nuevo modelo energético para la construcción del buen vivir" en Miriam Lang (Comp.), *Alternativas al capitalismo/colonialismo del siglo XXI*, pp. 161-188, Quito, Fundación Rosa Luxemburgo.

Bertinat y Salerno (2006), *Un modelo energético en apuros. Alternativas para la sustentabilidad energética en Argentina*, Rosario, Inercia Comunicaciones.

Gudynas, E. (2011), "Debates sobre el desarrollo y sus alternativas en América Latina: Una breve guía heterodoxa", en M. Lang et all., *Más allá del desarrollo,* Quito, Fundación Rosa Luwemburg/Abya Yala.

20 - ¿Cuáles son las claves para pensar las alternativas? ¿Cómo podemos pensar en una transición hacia un nuevo paradigma energético? ¿Cuál es la situación en nuestro país con las energías alternativas o renovables?

Aportes de Pablo Bertinat

Pensar en una transición presupone poder tener en claro un diagnóstico, acordar al menos que es lo que nos parece incorrecto en el desarrollo energético, cuales son los aspectos críticos y comenzar a partir de allí a fortalecer las alternativas planteadas y disputar su centralidad. Seguramente los acuerdos respecto al tema del diagnóstico no resultan sencillos pensando en los ejes que planteamos anteriormente; sin embargo, podemos acordar con la mirada predominante y convencional alrededor de la energía, que la extrema dependencia de los combustibles fósiles es un gran problema para el país por la necesidad creciente de los mismos vía importación o producción a precios e impactos crecientes.

Aun haciendo estas concesiones hay suficientes elementos que nos permiten pensar en la posibilidad de transformar nuestra estructura de abastecimiento energético. Se trata de poder desarrollar escenarios de abastecimiento energético en base a pautas diferentes a las convencionales. Si bien no existen aún vastas experiencias en el tema, sí se pueden recuperar algunos estudios sustantivos que nos permiten visualizar por donde avanzar. Existen estudios sectoriales realizados por diversas instituciones, incluso en nuestro país se han desarrollado recientemente análisis para el sector eléctrico sumamente alentadores que más adelante detallaremos.

En la última década ha habido un avance importante en el desarrollo de escenarios energéticos futuros, la mayoría de ellos impulsados por las crisis de los fósiles en un primer momento y luego por la crisis climática y el objetivo de reducir las emisiones de gases de efecto invernadero.

En los últimos años los escenarios de instituciones tradicionales ya incorporan en sus perspectivas al 2030 o al 2050 un porcentaje importante, aunque aún insuficiente, de renovables. Pero hay una serie de esfuerzos muy interesantes que han puesto el objetivo en construir escenarios realmente alternativos.

En cuanto a análisis más globales se pueden citar los trabajos encargados por Greenpeace a diversas instituciones académicas denominados "Revolución energética" en sus diversas versiones, también los documentos de escenarios construidos por el Consejo Europeo de Energías Renovables (EREC) vinculado a las diversas organizaciones promotoras de las diferentes fuentes renovables ligadas incluso a la industria y, en particular, los trabajos de escenarios energéticos globales desarrollados por ECOFYS, una consultora especializada en temas de sustentabilidad energética, entre otros, con sede central en Países Bajos y oficinas en Bélgica, Alemania, Inglaterra, China y Estados Unidos.

Una breve revisión de los ejes conceptuales más importantes a la hora de pensar alternativas da cuenta de los siguientes elementos fundantes a la hora de pensar otra realidad energética.

1. Asumir los escenarios denominados BAU (*Business as Usual*)[1] y tendencial sobre los cuales se trabajará.

El mayor esfuerzo lo requiere aquí el desarrollo de los escenarios tendenciales ya que de los mismos se desprenderá la energía necesaria para satisfacerlos. En este marco habitualmente se asume que la misma es el producto del volumen de las actividades que requieren energía y la intensidad energética por unidad de actividad.

Un desarrollo innovador sería pensar en no cubrir toda la demanda sino pensar en los servicios que demandan energía. Esto es, desarrollar un escenario de abajo hacia arriba. Para ello es necesario trabajar pensando en los tres principales portadores de energía: electricidad, combustible y calor.

1 Negocios, como siempre.

En el siguiente gráfico podemos observar la lógica del flujo energético contrapuesta a la lógica de análisis del modelo pensado de abajo hacia arriba.

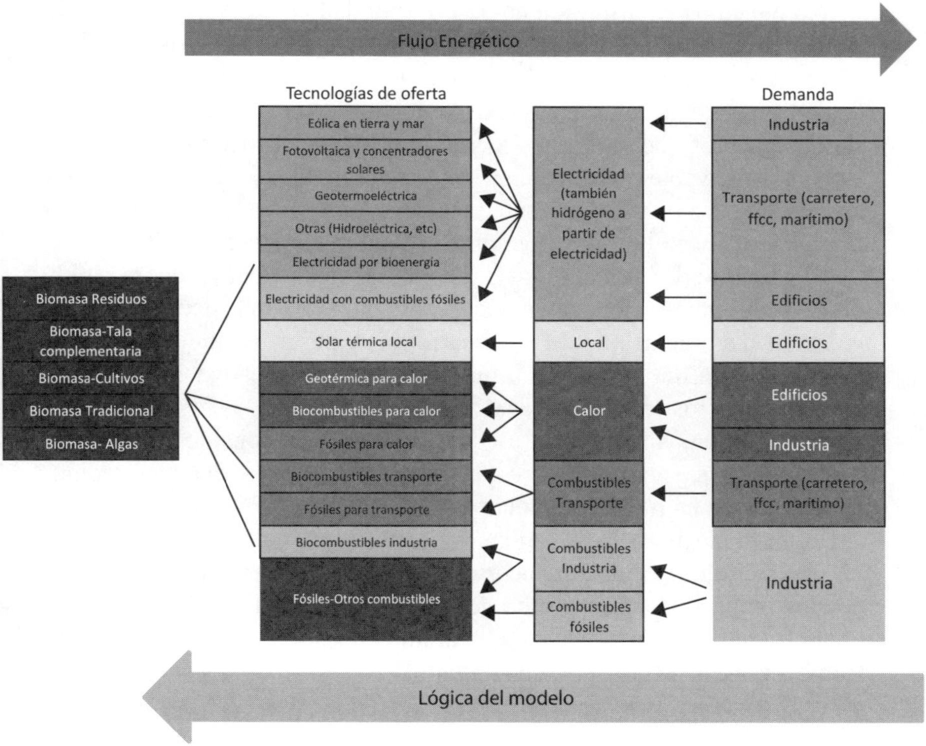

Figura 8: Enfoque general de la lógica del modelo
Fuente: Deng, Y.; Cornelissen, S. y Klaus, S. (2011: 109)

De esta manera se trabaja seleccionando el tipo de portador necesario para satisfacer una demanda determinada asumiendo para ello la lógica de trías energéticas a las que nos referimos más adelante.

Sería deseable también profundizar la migración desde determinados portadores de energía hacia la electricidad. Si bien esto ya está ocurriendo su profundización permitiría una incorporación más rápida de las fuentes renovables ya que muchas de ellas se encuentran sumamente maduras para la producción de electricidad.

2. Establecer las tecnologías que se encuentran maduras para el nuevo escenario y asumir senderos de incorporación de las nuevas tecnologías.

No ponemos en discusión aquí la posibilidad de abastecimiento de la demanda mundial por medio de fuentes renovables. Hoy existe profusa bibliografía que indica que el potencial técnico es mucho mayor que la demanda actual de calor, electricidad e incluso de energía primaria. Entre los documentos que sugerimos revisar para ello se encuentra "Fuentes de Energía Renovables y Mitigación del Cambio Climático, Resumen para responsables de políticas y resumen técnico", informe especial del Grupo Intergubernamental de expertos sobre el cambio climático. (IPCC, 2011).[2]

El conjunto de las tecnologías renovables se encuentran en un rápido proceso de maduración, el cual seguramente sería más acelerado si se volcaran más recursos para su desarrollo. A pesar de que parece irracional, hoy en día se invierten más recursos en investigación para los combustibles fósiles que para las renovables.

En los trabajos relativos a escenarios futuros se consideran maduras las tecnologías: solar térmica, solar fotovoltaica, solar de concentración, eólica –ya sea en tierra como en mar–, geotérmica para calor y/o electricidad, hidroeléctrica, las diferentes opciones de uso de la biomasa, etc.

Un capítulo especial merecería el análisis del tema de la biomasa, por los amplios debates acerca de la sustentabilidad sobre su uso. No lo abordaremos aquí, solo manifestaremos nuestra preocupación por la forma en que se dé su aprovechamiento.

3. Asumir el llamado paradigma de trias energéticas, en tanto concepto lógico, que plantea que se debe trabajar con el siguiente orden de prioridad (Deng, Y.; Cornelissen, S. y Klaus, S., 2011):

a. Reducción al mínimo necesario de la demanda energética para proporcionar diversos servicios.
b. Suministrar, en primer lugar, energías de fuentes renovables locales, cuando sea posible.
c. Suministrar la energía restante a partir de fuentes de energía "tradicionales" de la forma más limpia posible.

El citado trabajo de ECOFYS, que si bien no es el único, es uno de los pocos que asume una visión global, plantea la posibilidad de un

2 Disponible en: https://www.ipcc.ch/pdf/special-reports/srren/srren_report_es.pdf

sistema energético con una oferta de energía proveniente de fuentes renovables de un 95% al año 2050. En la figura 9 podemos observar una síntesis del escenario basado en la tría energética.

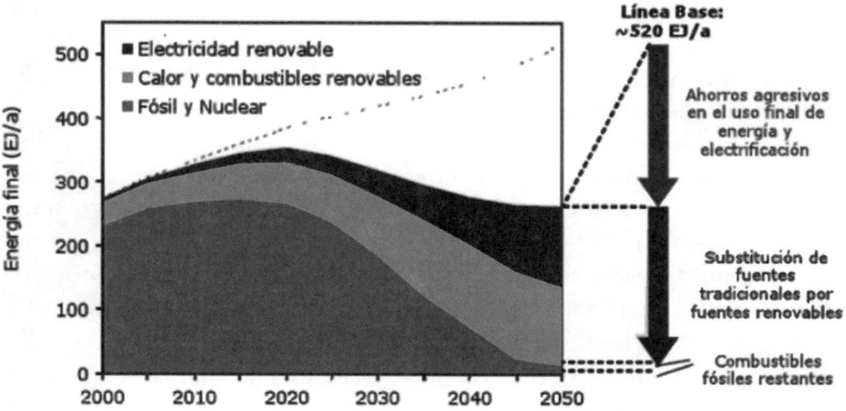

Figura 9: escenario 2050.
Fuente: Deng, Y.; Cornelissen, S. y Klaus, S. (2011: 237)

En el mismo trabajo se plantea que las inversiones iniciales que se requieren para hacer esta transición en las próximas décadas rondarían el 1-2% del PBI mundial, pero estas inversiones se convertirían en flujo de caja positivo después del 2035, con un resultado positivo anual del 2% del PBI en el año 2050.

El otro dato interesante de registrar es que de acuerdo a evaluaciones de la Agencia Internacional de Energía (IEA), los subsidios globales a los combustibles fósiles ascienden a unos 700 mil millones de dólares por año (OECD, 2010). Es necesario analizar el cambio que significaría establecer igualdad de condiciones para las tecnologías renovables.

También es interesante pensar que el 2% del PBI de Argentina en el 2012 significaba alrededor de 9.000 millones de dólares, una cifra que permitiría pensar en la migración de subsidios hacia el desarrollo de un proceso de transición.

¿Cuáles son las perspectivas de cambio en Argentina?

En nuestro país la disputa por el cambio de la matriz energética es aún más débil que a nivel mundial. La idea establecida de que somos un país "petrolero", sumado a la fuerte tradición de las empresas del estado –más allá de los procesos neoliberales– como proveedoras de energía y la idea establecida de la existencia de fuentes energéticas de primera y segunda categoría, dificultan el avance de un cambio estructural. Los desarrollos de escenarios alternativos son sumamente débiles. Tanto desde el gobierno como desde las diversas instituciones tradicionales que abordan la temática energética se mantiene aún una visión atada al pasado que recita que las fuentes renovables no alcanzan o son más caras, sin colocar todos los elementos en la balanza e incluso negando muchas veces la realidad.

A pesar de ello existen algunos valiosos intentos que son necesarios recuperar para poder construir o desarrollar escenarios energéticos alternativos. Aquí solo nos referiremos a algunos que creemos hacen un aporte sustantivo.

En primer lugar y pensando en el primer ítem de la tríada (la eficiencia energética), hacemos referencia al trabajo realizado en el 2007 para la Fundación Vida Silvestre por un conjunto de profesionales coordinado por el Ingeniero Carlos Tanides. Dicho trabajo analiza el potencial de reducción de gases de efecto invernadero en el sector eléctrico y del gas natural.[3]

El trabajo no contempla la reducción de ningún servicio brindado por la energía, plantea utilizar tecnologías disponibles en el mercado y solo incorpora ahorros en aquellas aplicaciones que sean económicamente rentables.

Las conclusiones del mismo muestran que para los tres sectores analizados en el sector eléctrico –residencial, industrial y comercial y público– el potencial de ahorro referido al escenario tendencial por ellos seleccionado representa entre un 18 y un 30% de la energía eléctrica al 2020 (año por ellos seleccionada en el escenario de referencia). Para el sector del gas natural y a partir de reducir el consumo de centrales por eficiencia en el sector eléctrico, eficiencia en el sector industrial, normativas de construcción en el sector residencial y eficiencia en equipamiento residencial, se podrían esperar ahorros de entre un 21 y un 30% para el año de referencia indicado.

El mismo equipo de trabajo realizó una actualización de dicho trabajo con escenarios al año 2030 e incorporando otros sectores como el transporte.[4]

Queda claro que el tema de la eficiencia energética es el ítem más postergado del debate energético ya que solo se recurre a él cuando

---

3 Disponible en: http://awsassets.wwfar.panda.org/downloads/brochure_escenarios_energeticos_para_argentina.pdf

4 Disponible en: http://awsassets.wwfar.panda.org/downloads/escenarios_energeticos_para_la_argentina_2013_2030_con_politicas_de_eficiencia.pdf

existe peligro de colapso del sistema energético. Tal vez debiéramos retomar aquí el debate planteado acerca de la mercantilización.

Aunque más dispersos, también existen un sinnúmero de trabajos asociados al desarrollo de los Inventarios de Gases de Efecto Invernadero que se han realizado en el país. Muchos grupos de investigación de universidades nacionales han desarrollado lo que se denominan "escenarios de mitigación" para diversos sectores. Esto refiere a la búsqueda de reducción de emisiones, en muchos casos a través de eficiencia energética. Se pueden encontrar allí trabajos sobre eficiencia y alternativas en transporte realizados, por ejemplo, por la Universidad Nacional de la Plata, y muchos otros trabajos que sería importante recuperar para convertir en políticas.

Los otros aportes recientes refieren específicamente al sector eléctrico y se trata de dos iniciativas concatenadas.

En primer lugar nos referimos al desarrollo de la "Plataforma Escenarios Energéticos"[5], una iniciativa promovida por el Centro de Estudios de la Actividad Regulatoria Energética (CEARE) de la UBA, el Instituto Tecnológico de Buenos Aires (ITBA), la Fundación Ambiente y recursos Naturales (FARN) y la Fundación Avina. Los promotores invitaron a diversas instituciones del sector privado, académico y de la sociedad civil a participar como "escenaristas" en la construcción de escenarios eléctricos alternativos. Se estableció conjuntamente una metodología de trabajo así como de evaluación de los resultados. Se utilizaron modelos que permitieron hacer comparables los diferentes escenarios. Los "escenaristas" que participaron del ejercicio fueron la Asociación de Generadores de Energía Eléctrica de la República Argentina (AGEERA), la Cámara Argentina de Energías Renovables (CADER), el Comité Argentino del Consejo Mundial de la Energía (CACME), el Grupo Ambiente y Energía de la Facultad de Ingeniería de la UBA (GEA-UBA), el Foro de Ecología Política (FEP) y la Fundación Vida Silvestre (FVS). Todos ellos, bajo una metodología e indicadores consensuados, desarrollaron sus escenarios 2030 utilizando el LEAP (*Long-range Energy Alternatives Planning System*) como herramienta.

Si bien no haremos aquí una descripción de detalle, los resultados del ejercicio son sumamente interesantes. En primer lugar, todas las matrices desarrolladas se consideraban viables. Hubo matrices que contenían un 20% de renovables y otras que contenían casi un 60% e incluso cuando

5 Disponible en: http://awsassets.wwfar.panda.org/downloads/escenarios_energeticos_argentina_2030.pdf

se analizaron los costos de inversión para estos dos casos resultaron similares. Hubo muchos escenarios intermedios y los ítems que se valuaron de cada uno fueron, entre otros, el costo medio, la diversidad energética, las emisiones locales, las emisiones de gases de efecto invernadero, el uso del suelo, etc. Sin dudas un buen ejercicio que descarta el discurso clásico de que no hay opciones a los escenarios convencionales.

Como correlato del trabajo detallado anteriormente, recientemente se publicó “Energías Renovables, ¿Por qué debería ser prioritario cumplir el objetivo del 8% al 2016” por un grupo de instituciones entre las que estaban quienes conformaron la iniciativa escenarios energéticos a las que se sumaron el Instituto Nacional de Tecnología Industrial (INTI), la Asociación Argentina de Energía Eólica (AAEE) y otras. El “8% al 2016” hace referencia al objetivo planteado en la Ley 26.190 que plantea alcanzar ese objetivo de energía eléctrica volcada a las redes en dicho año. Para tener una referencia deberíamos acotar que de acuerdo a la Compañía Administradora del Mercado Mayorista Eléctrico (Cammesa) este porcentaje alcanzó en el 2012 el 1,4%.

El aporte del sector eólico representó en el año 2012 solo el 0,28% de la generación eléctrica del año, sin embargo implicó un ahorro de 406.800 m^3 de gasoil. El monto ahorrado en combustible importado representa unos 317 millones de dólares, lo que muestra el importante potencial de ahorro de divisas (Villalonga, 2013). A esto debemos agregar la importante reducción de emisiones de gases de efecto invernadero logradas.

Si solo nos propusiéramos cubrir el 8% con energía eólica esto representaría instalar una potencia de 3.380 MW a un factor de capacidad promedio del 40% (muy posible en nuestro país). Cumplir esta meta significaría evitar la quema de 6,6 millones de m^3/día de gas natural, esto representa la mitad de gas importado como Gas Natural Licuado (GNL) durante 2012. La inversión necesaria para estos emprendimientos se alcanza con el ahorro de importaciones de GNL de cuatro años y medio (Ibid, 2013: 53). Extendiendo esta serie y planteando el objetivo de 8.000 MW eólicos al 2020 significaría una inversión de aproximadamente 8.400 millones de dólares y ahorrarían, solo hasta el 2020, 14.000 millones de dólares en importaciones de combustibles (Ibid, 2013: 58).

El debate que suele surgir respecto a estas alternativas es referido a la capacidad de las redes para soportar energías “no firmes”, haciendo referencia a la imprevisibilidad de las aplicaciones solar y eólica para producir electricidad. Si bien es un gran tema de debate, solo plantearemos aquí dos cuestiones. La primera es que en el caso de nuestro país estamos muy lejos de un nivel de incorporación de estas fuentes como para constituir un riesgo para las redes. Podemos desarrollar aún muchos miles de MW sin ponerla en riesgo; solo es necesario adaptar las condiciones del despacho, que con la capacidad de nuestros técnicos seguramente podría ser resuelto sin problemas. El segundo punto refiere a que no todas las fuentes renovables son “no firmes”: fuentes como la pequeña hidráulica, la biomasa en muchas de sus opciones, la geotérmica e incluso hoy en día los concentradores solares, pueden representar un aporte “firme” a las redes.

Además, no solo hay opciones en el sector eléctrico sino que podemos aspirar a reducir los combustibles utilizados en el sector térmico. El uso de sistemas solares térmicos para el calentamiento de agua permite reducir 1,6 GWh por año por cada 1.500 m^2 de superficie captadora solar térmica. En el país hay aproximadamente 50.000 m^2 mientras que en Brasil ya se superaron los 4.500.00 de m^2 (INTI, 2013).

El déficit principal aparece hoy en la falta de instrumentación de recursos de diverso tipo para desarrollar alternativas reales.

Fuentes consultadas

Deng, Y.; Cornelissen, S. y Klaus, S. (2011), *The Ecofys Energy Scenario,* Nederland, Ecofys.

IPCC (2011), "Fuentes de energía renovables y mitigación del cambio climático", Resumen para responsables de políticas y resumen técnico, Grupo Intergubernamental de Expertos en Cambio Climático.

INTI-Gerencia de Proyectos Especiales (2013), "Fortalecimiento del Sector Solar Térmico, oportunidad de desarrollo nacional" Presentación pública en *Expo Solar*, 12 de julio de 2013, Buenos Aires.

OECD, (2010), "Analysis of de Scope of Energy Subsidies and Suggestions for the G-20 Initiative", OECD, IEA, OPEC, World Bank Joint Report, prepared for submission to the G-20 Summit Meeting, Toronto (Canadá), June-2010, disponible en: http://www.oecd.org/dataoecd/55/5/45575666.pdf

Villalonga, J. C. (2013), *Energías Renovables: ¿por qué debería ser prioritario cumplir con el objetivo del 8% al 2016?*, Buenos Aires, Fundación Avina.

Anexo
Estados Unidos: fracking puertas adentro

Roberto Ochandio
Marzo de 2014

Viajamos a los Estados Unidos pensando que de alguna manera su experiencia con el *fracking* nos iba a ayudar para reforzar nuestra lucha. Específicamente esperábamos encontrarnos con nuevas estrategias organizativas y argumentos que pudiéramos trasladar a nuestras asambleas. Sin embargo, volvimos un poco decepcionados porque nos encontramos con que el pueblo de los Estados Unidos está más aislado, desinformado, y desorganizado que nosotros.

Estuvimos en varios lugares, cada cual con sus dramas a cuestas, pero todos conectados por una misma problemática.

Denton, Texas

Visitamos el Centro-Norte de Texas donde está ubicada la formación gasífera Barnett Shale, la cual cubre varias ciudades alrededor de Dallas y Fort Worth. Este yacimiento gasífero cubre una amplia zona que incluye varias ciudades alrededor de Dallas y Fort Worth. Es equivalente a nuestro yacimiento petrolífero de Vaca Muerta aunque de menor extensión geográfica. Una de las ciudades que cubre es Denton, donde la fractura hidráulica comenzó con toda su furia allá por el 2005. Ahora, después de 9 años de exposición a esta industria, comenzaron a tomar conciencia del daño que ésta les está causando, a tal punto que los ciudadanos están trabajando para prohibir esa actividad dentro de los límites de la ciudad. De concretarse, Denton sería la primera ciudad de Texas en prohibir el *fracking*.

De acuerdo a las leyes, esto se puede conseguir si la mayoría de los votantes así lo deciden. Ahora bien, para poder presentar esta iniciativa popular ante el sufragio público, se deben juntar las firmas de por lo menos el 25% de los que votaron en la última elección general.

Denton es una ciudad de 120.000 personas, pero como el voto no es obligatorio solo votaron poco menos de 2.400 personas. Esto significa que con juntar más de 590 firmas ya se podrá votar en las próximas elecciones de noviembre si se quiere prohibir el *fracking* dentro de los límites de la ciudad. La junta de firmas hasta ahora superó el mínimo necesario, ahora deben empezar a hacer campaña para que la gente se entere de cuál es el problema y concurra a votar. Al mismo tiempo, la industria del petróleo y el gas comenzará a hacer su propia propaganda para contrarrestar la acción de los vecinos que impulsan la iniciativa popular.

El jueves 3 de abril de 2014 hicieron una sesión para juntar firmas en Denton. No asistieron muchos participantes porque justo antes de la reunión hubo un tornado muy cerca de Denton, seguido por una lluvia intensa. Durante la sesión proyectaron el documental *Gasland 2.*[1] Entre los asistentes estaban Calvin Tillman, ex-intendente del pueblo DISH,[2] Lon Burnham, un diputado provincial, y la activista Sharon Wilson.[3]

Ahora bien, la forma en que se manejan en los Estados Unidos es totalmente distinta a la nuestra. Ellos adhieren estrictamente a procedimientos establecidos por las leyes. Siendo tan individualistas, no piensan en juntarse para compartir información o para reforzar sus protestas con el apoyo de otras ciudades. Y ni pensar en salir a la calle con bombos y carteles.

En ese marco, les conté que somos parte de la lucha contra el fracking en la Argentina y que yo tenía experiencia por haber trabajado en la industria del petróleo. A raíz de eso me llamaron después los estudiantes de la Universidad de North Texas para una entrevista bastante extensa.

---

1 Segunda parte del documental del conocido realizador J. Fox, que muestra los efectos del *fracking* en diferentes estados de Estados Unidos.

2 La localidad se llama DISH (con mayúsculas). Esto es parte del convenio con la compañía DISH Network por la cual este pueblo recibe señales de TV gratis.

3 Véase: http://www.texassharon.com/

Reno, Texas

En la misma región de Texas visitamos el pueblo de Reno, donde hubo una serie de temblores de tierra durante el mes de Diciembre. Hablamos con la intendenta, Lynda Stokes, la cual fue muy explícita al contarnos los problemas que están sufriendo desde hace unos años, cuando comenzaron con esta explotación.

Reno es un pueblito rural, de unos 2.600 o 2.700 habitantes, con casas separadas por terrenos grandes bastante arbolados. Lo que más llama la atención es la gran densidad de pozos gasíferos. Allí las plataformas están separadas por unos 200 metros, y en cada una de ellas hay hasta 6 pozos. Estos pozos no solo producen gas, también producen mucha agua. Esta es agua salobre de formación, mezclada con los restos del agua usada para hacer la fractura hidráulica. El agua se deposita en tanques que están provistos con sensores de nivel. Cuando llega a un nivel máximo, los sensores mandan una señal para que venga un camión a evacuar los tanques, lo que ocurre un par de veces por día en cada pozo. De acuerdo a Lynda Stokes, el tráfico de camiones puede llegar a 60 o 70 por día. Los camiones transitan en cualquier momento, pero es mayor el tránsito por la noche, lo cual se presume que es para mantener poca visibilidad.

Los caminos rurales son muy angostos y no están preparados para el tránsito de camiones pesados, por lo tanto ahora la municipalidad tiene una disputa para ver quién se hará cargo de las reparaciones. De acuerdo al Departamento de Transportes de Texas, el día que se termine la explotación de gas el Estado de Texas tendrá que gastar unos 2.000 millones de dólares sólo para reparar caminos.

En Reno no existe un yacimiento petrolífero agotado que se pueda usar para inyectar los fluidos recuperados, por lo tanto la opción es inyectarlo en pozos sumidero. Estos son pozos que se perforan especialmente con la intención de inyectar estos fluidos en alguna formación permeable. Esta es la manera que tiene la industria para esconder la basura debajo de la alfombra.

Precisamente esta inyección es la que dio origen a más de 30 terremotos que se detectaron durante el mes de diciembre. Algunos de estos terremotos fueron precedidos por una gran explosión, similar a la que pueda hacer un avión al atravesar la barrera del sonido. Como consecuencia de estos terremotos, varias casas terminaron con paredes y suelos rajados, entre ellos la sala de conferencias de la municipalidad de Reno donde vimos una rajadura de unos 8 a 10 metros que corre en diagonal por el piso y sube por la pared hasta el techo. Por supuesto, las compañías petroleras niegan toda responsabilidad, dejando a los vecinos que se hagan cargo de las reparaciones. En enero los vecinos de varios pueblos alrededor de Reno fueron en caravana hasta Austin, la capital del Estado, para denunciar lo que estaba pasando y ver qué solución ofrecía el gobierno. Tal como sucede acá, el gobierno provincial está del lado de las compañías y lo único que hizo fue informar que contratarían un geofísico para que investigue las causas de los terremotos. Nadie espera mucho de este geofísico, pero al mismo tiempo un geólogo de Youngstown, Ohio, donde también tuvieron su experiencia con estos terremotos, ya confirmó que hay una relación directa entre la inyección de fluidos de fractura y los terremotos.

A diferencia de la Argentina, donde los depósitos minerales le pertenecen al Estado provincial, en los Estados Unidos los depósitos minerales le pertenecen al dueño del terreno. Muchos de los vecinos aceptaron las perforaciones cediendo sus derechos minerales a las compañías perforadoras, las cuales prometían grandes ganancias dependiendo de la producción de los pozos. Lo que nunca se imaginaron fueron las consecuencias que ahora están sufriendo. Sumado a la pérdida de valor de las propiedades, se encuentran con que los pozos de agua se están secando y el aire está contaminado por las pérdidas de gas de las instalaciones gasíferas.

El gas natural está formado por un 80% de metano más otros hidrocarburos livianos. Cuando el gas se pierde en superficie, el metano se eleva porque es más liviano que el aire, contribuyendo al efecto invernadero. Los Compuestos Orgánicos Volátiles del gas son más pesados, quedando a nivel superficial. Allí se mezclan con compuestos nitrogenados produciendo ozono superficial, responsable por los casos de asma.

A todo esto, los vecinos tienen que seguir con sus vidas diarias a pesar de los nuevos problemas que se les presentan, dentro de los cuales el aire contaminado es uno de los más dramáticos. Entre las consecuencias directas están los casos de asma que afectan a todos, grandes y chicos. Los chicos son los más vulnerables y el informe del Hospital Cook de Niños de Fort Worth lo dice todo: más de la mitad de los casos tratados en la sala de emergencia se debe a casos de asma. También informaron que la incidencia de casos de asma en el Estado de Texas, en las zonas donde no se hace *fracking* es de un 4,5%, mientras que en las zonas gasíferas es de un 24,5%.

Pero las enfermedades no se limitan al asma. Hay una serie de enfermedades relacionadas a las pérdidas de gas de los pozos gasíferos, y algo que nos impactó es lo que está sufriendo Barbara Brown, quien trabaja en la Municipalidad de Reno. Barbara no sólo tiene asma desde hace tres años, después que le hicieran pozos al lado de la casa, sino que desarrolló una deficiencia en su sistema inmunológico que no puede ser tratada por los médicos. Como consecuencia, pierde peso continuamente y también perdió la sensibilidad en la parte inferior de brazos y piernas. Esta insensibilidad va avanzando de a poco y ella ya sabe que dentro de poco ya no podrá moverse. Nos mostró fotos de quemaduras muy feas en sus manos, precisamente por la falta de sensibilidad. Pero no solo ella está afectada: en su casa ya se murieron cinco perros, y los pájaros caen muertos de los árboles.

En general los vecinos no hablan de sus problemas. Muchos de ellos se culpan a sí mismos por sus problemas de salud, mientras que otros están temerosos de las represalias que puedan tomar las compañías petroleras o el gobierno. En contraste con ello, Barbara no vacila en contarle a todo el mundo lo que está pasando y denunciar la situación por todos los medios posibles. Desde que comenzó con sus reclamos la persigue una camioneta cada vez que sale a la ruta, posiblemente para intimidarla. Algunos vecinos lograron que las compañías petroleras los compensen por sus enfermedades o daños, pero esto a cambio de su silencio, al cual están obligados mediante un contrato de confidencialidad.

Mientras tanto, la Agencia de Protección del Medio Ambiente (EPA), se desentiende del problema. Su jefe anterior, Al Armendariz, denunció los problemas del *fracking* informando que éste produce tanta contaminación como todos los transportes terrestres de la zona de Dallas y Fort Worth. Esta denuncia lo puso en contra de poderosos políticos que apoyan a la industria petrolera, por lo cual Armendariz, un funcionario honesto y leal, tuvo que renunciar a su puesto. Ahora los funcionarios prefieren mantener su trabajo callándose la boca.

Nuestra visita a la Municipalidad dio como resultado que inmediatamente programaran una presentación para que les cuente todo lo que yo sabía de la industria del petróleo y del *fracking* en particular, dado que allá también es difícil encontrar gente con experiencia en petróleo que esté dispuesta a contar detalles de la industria.

Flower Mound

Flower Mound es una zona semi-rural ubicada entre Fort Worth y Denton, a la cual también llegó la fractura hidráulica. Este es un pueblo bastante conservador que siempre se caracterizó por luchar bastante para mantener sus privilegios. Es una zona exclusiva con casas carísimas, donde sólo los elegidos pueden acceder a una propiedad. Entre ellos se encuentra justamente Rex Tillerson, el Jefe Ejecutivo de ExxonMobil, quien recientemente se sumó a un juicio para impedir que construyan instalaciones relacionadas al *fracking* cerca de su casa, lo cual le haría perder valor a su propiedad.

Además de lo absurdo de esta noticia, Flower Mound se caracteriza por los elevados casos de cáncer infantil que se informaron últimamente. De acuerdo a un estudio publicado por la Universidad de Texas, existe un 95% de posibilidades de incrementos de casos de leucemia y linfoma no-hodgkin, entre 1997 y 2009. Todavía se está investigando la causa de estos casos de cáncer, pero toda la evidencia apunta al desarrollo de la explotación gasífera.

DISH

Recientemente las operaciones de fractura hidráulica pusieron en un primer plano a este pueblito de poco más de 200 personas. Su intendente, Calvin Tillman, renunció al cargo y decidió mudarse cuando se dio cuenta que las pérdidas de gas podrían ser responsables por la continua hemorragia nasal de sus hijos. Lo notable es que hasta ese momento Calvin era un republicano conservador como muchos otros, pero ahora tiene su propia organización llamada *Shale Test*[4] dedicada a ayudar a comunidades más pobres a detectar problemas en las instalaciones gasíferas. Para ello compraron una cámara termográfica FLIR (Forward Looking Infra Red camera) que les permite detectar pérdidas de metano y Compuestos Orgánicos Volátiles, y con estos datos presionan a las compañías para que reparen sus instalaciones. Al igual que en Allen, provincia de Río Negro, los pozos gasíferos de DISH están a escasos metros de las poblaciones.

North Richland Hills

En esta ciudad no hay tanta densidad de plataformas gasíferas, quizás porque está más densamente poblada que las otras ciudades que visitamos. Sin embargo, donde hay plataformas hay muchos pozos. En el centro de la ciudad hay una plataforma donde hicieron 16 pozos gasíferos a unos 80 metros de una escuela primaria. Eso sí, para no ofender la sensibilidad pública las plataformas están todas cercadas por un paredón muy prolijo de unos dos metros de alto adornado con arbustos y árboles.

4 Véase: http://www.shaletest.org/

En una plataforma cercana tienen 5 pozos y hace ya varios años que están trabajando. No publican qué operaciones están haciendo, pero uno se imagina que pueden estar refracturando en pozos viejos, o haciendo nuevos pozos en zonas donde las fracturas ya no dan como resultado un aumento de la producción. Ya no es una sorpresa, pero esta plataforma se encuentra a unos 50 metros al Oeste de las casas, por lo cual es de esperarse que los ocupantes también se vean afectados.

Dallas

No tengo datos concretos de Dallas, pero en Diciembre de 2013 se prohibió el *fracking* a menos de 457 metros (1.500 pies) de casas, escuelas, o lugares públicos. Esto no es una prohibición total contra el *fracking*, pero de hecho impide nuevos pozos dentro de los límites de la ciudad.

Conclusiones

Las rocas de esquistos no son homogéneas. Con esto quiero decir que el gas o el petróleo no están distribuidos igualmente a través de toda la formación. Tal como en otras características de la minería, existen lo que se llama "vetas", o "*sweet sp*ot" en inglés. En algunos lugares tales como Reno o Denton se encontraron estas "vetas" por lo cual las plataformas están muy cerca entre sí, con una gran densidad de pozos. Cuando esto ocurre, las compañías van a perforar y sacarle el máximo provecho al yacimiento, independientemente de quien pueda verse afectado por las operaciones. Precisamente una de estas vetas está debajo del aeropuerto internacional DFW, ubicado a medio camino entre Dallas y Fort Worth. Este lugar es uno de los más agujereados de todo Texas.

Es de notar la falta de información general, la falta de interés aún de los mismos afectados, la poca comunicación que hay entre los vecinos y con otras ciudades, la falta de asambleas populares, y el bajo perfil que tiene la lucha de los vecinos contra el *fracking*. Al igual que en la Argentina, muchos vecinos no hablan por temor a perder sus empleos, pero también se callan porque no les gusta la notoriedad. En algunos casos su silencio fue comprado por las petroleras. En general son pocos los que salen al frente. Creo que en todo sentido las luchas populares en la Argentina están mejor organizadas.

Este viaje también sirvió para verificar que, contrariamente a la interpretación popular, los daños producidos por la explotación del gas y el petróleo son tan grandes y tan irresponsables en los Estados Unidos como en nuestros países. Con el desarrollo de la explotación de no convencionales debemos esperar el mismo impacto en la cantidad y calidad del agua, la contaminación del aire, la destrucción del medio ambiente, y enfermedades en la población.

También es notable que ahora se quiera prohibir la fractura hidráulica en tantos pueblos y ciudades con amplia experiencia en ésta práctica. Más significativo aún es que sea Texas, de todos los lugares, donde estos pueblos y ciudades se quejan por las consecuencias de la implementación masiva de esta tecnología. Recordemos que Texas es la cuna del petróleo en los Estados Unidos, tal como lo sería Comodoro Rivadavia en la Argentina.

Comparando la experiencia de los Estados Unidos con la nuestra se encuentran similitudes y diferencias:

La industria del petróleo y el gas impone sus condiciones donde quiera que se puedan producir beneficios comerciales. Su tremendo poderío económico alcanza para torcer las leyes en países democráticos o corromper a gobernantes, funcionarios, y medios de comunicación cuando no hay otra alternativa.

La extracción de hidrocarburos implica la misma falta de consideración hacia el medio ambiente, la salud, y los derechos de los habitantes, aplicándose las mismas técnicas extractivas por igual, independientemente del país.

Las herramientas para la resolución de conflictos allí están dadas por reglas democráticas y legales, aunque en algunos casos éstas sean tan ineficientes como lo son en la Argentina. Por ejemplo, de acuerdo a las leyes de Texas las compañías deben informar todos los productos químicos usados en las operaciones de fractura. Sin embargo, de acuerdo a lo expresado por el diputado Burnam, esto se cumple en menos del 10% de los casos.

Un ejemplo a ser imitado es el método usado para cambiar leyes y reglamentaciones en Denton: allí son los votantes los que deciden si se prohíbe la fractura, mientras que en la Argentina todavía tenemos que pasar por el filtro de las cámaras de diputados provinciales para ver si ellos aceptan la iniciativa popular.

Las iniquidades perpetradas por los gobiernos provinciales y compañías locales contra los pueblos originarios son muy propias de nuestros pueblos. En los Estados Unidos sería demasiado evidente el despojo y se publicaría inmediatamente si las compañías decidieran atacar a los pueblos golpeándolos, matándolos o cortándoles el agua tal como lo hacen nuestros capangas locales contra las poblaciones Mapuches de Neuquén o los Qom de Formosa y Chaco. En general esta práctica queda para los países “al Sur del Rio Grande”. Esto no significa que las compañías dentro de los Estados Unidos tengan un accionar más ético, sino que, domésticamente, quizás cuidan un poco más las apariencias.

Finalmente, todo se acaba en esta vida, incluso el gas de esquistos. El *Barnett Shale* ya está entrando en un período de declinación, con producciones en baja que sólo se justificaría explotar si el precio del gas fuera mucho más alto que el actual. Tal como se podría esperar, las compañías no se responsabilizan por los daños remanentes y les queda a los habitantes de Texas la tarea de planear un futuro ya sin gas que los contamine pero también con poca agua, con más enfermedades, y con una infraestructura desvencijada. Ni dudar que esto es lo que le espera a Neuquén cuando se acabe Vaca Muerta, para lo cual, al igual que en *Barnett Shale*, no habrá que esperar 100 años, sino quizás sólo una década de destrucción y despojo.

Entre otras cosas, también se acabaron mis notas sobre nuestra experiencia en los Estados Unidos. La seguiré en otra oportunidad.

Los Autores

Pablo Bertinat es Ingeniero Electricista por la Universidad Tecnológica Nacional, Magister en Sistemas Ambientales Humanos (Centro de Estudios Interdisciplinarios, UNR). Docente e investigador en la UTN Rosario, se desarrolla como director del Observatorio de Energía y Sustentabilidad (UTN FRRo) y de proyectos de investigación sobre energías renovables. Es editor de la revista Energía y Equidad, así como autor y coautor de artículos y publicaciones científicas

Como miembro activo del Taller Ecologista (ONG), coordina el área energía. Es coautor de los libros Un modelo energético en apuros (2006), Escenarios energéticos en América del Sur (2008), Energía, medio ambiente y trabajo (2009), Soberanías (2010), La energía de los emergentes (2012), Alternativas al capitalismo-colonialismo del siglo XXI (2013). wiseros@ciudad.com.ar

Eduardo D´Elía es Ingeniero en Petróleo por la Universidad Nacional de la Patagonia Austral); Analista en Petróleo y Gas (Universidad Federal de la Patagonia Austral); Es Mg en Evaluación impactos Ambientales (Universidad Autónoma de Yucatán, México) y Mg en

Energías Renovables (Instituto de Investigaciones Ecológicas, España). Es docente de la UNPA y del Instituto Superior de Educación Técnica. Se desempeña como Asesor externo ambiental y Diseño e instalación de sistemas energéticos alternativos. Tiene una larga experiencia en la actividad petrolera en la Patagonia Argentina (Pérez Companc, Petrobras, Pan American Energy, Geopark). Ha publicado, entre otros, Gestión Ambiental de 32 Organizaciones Ríogalleguenses (UNPA, 2010); Análisis Físico del Vuelco en los Vehículos Petroleros (2005), Metula, el Exxon Valdez Sudamericano (2002).

Obtuvo varios premios, entre ellos, el 2º Premio Concurso de Eficiencia Energética-Programa de Eficiencia Energética (2007) Fundación Repsol YPF-UTN y el 1º Premio al Emprendedor Solidario, Rubro Medio Ambiente. Es miembro de la Asamblea Ambiental Ciudadana de Río Gallegos y de la Asociación Santacruceña de Energías Renovables. eduardo_delia@hotmail.com

Diego di Risio/Observatorio Petrolero Sur es Licenciado en Ciencia Política (Universidad de Buenos Aires). Es asimismo coordinador y cofundador del Observatorio Petrolero Sur y miembro de la dirección del Centro de Políticas Públicas para el Socialismo.

Respecto de su obra, es coautor de los libros Zonas de Sacrificio (América Libre/OPSur, Buenos Aires, 2012) y Fracturando Límites (Friends of the Earth/OPSur, Bruselas/París/Amsterdam, 2014) y publicó artículos en las revistas Fractura Expuesta (Buenos Aires, 2012/2013), Energía y Equidad (Rosario, 2012), Debates Urgentes (La Plata, 2012) y Voces en el Fénix (Buenos Aires, 2013). contacto@opsur.org.ar

Roberto Ochandio fue el primer Ingeniero de Campo de la compañía Hughes Services, en 1978. Licenciado en Geografía (Bachelor of Sciences in Geography), por la, Universidad de North Texas, Denton, Texas, Estados Unidos. Cuenta con una amplia trayectoria en la actividad petrolera: trabajó para YPF, BJ Services, TIPSA, y Hughes Services en punzamiento y perfilaje de pozos, mediciones físicas de pozos, ensayos de pozos en producción y ensayo a pozo abierto; entubación, cementación, y acidificación de pozos convencionales; Inspección no destructiva de materiales; Diseño e instalación de bombas electrosumergibles y bombas rotativas para petróleo.

Además dirigió proyectos de computación relacionados con operaciones de vuelo para American Airlines, Texas, Estados Unidos. Es miembro de la Unión de Asambleas Patagónicas (UAP). rochandio@gmail.com

Hernán Scandizzo/Observatorio Petrolero Sur es Periodista (TEA Deportea, 1995), investigador y cofundador del Observatorio Petrolero Sur. Trabaja como redactor en experiencias de comunicación alternativa como Indymedia Argentina-Sección Pueblos Originarios (2003-2009) y el periódico mapuche Azkintuwe. Es colaborador de las revistas Crisis (Buenos Aires), El Extremo Sur (Comodoro Rivadavia), En Marcha (La Plata), Berria (Euskadi), Punto Final (Chile) y (Perú).

Como coautor, publicó Zonas de Sacrificio (América Libre/OPSur, 2012); y participó con sus artículos de los libros La Voz de los Lonkos (Catalonia, 2013), Resistencias populares a la recolonización del continente, Tomos 1 y 2 (América Libre, 2010), Patagonia: Resistencias populares a la recolonización del continente (América Libre, 2008) y Petrobras: ¿Integración o explotación? (Fase/Projecto Brasil Sustentável e Democrático, 2005). contacto@opsur.org.ar

Maristella Svampa es investigadora, socióloga y escritora. Se recibió de Licenciada en Filosofía por la Universidad Nacional de Córdoba, Master en Filosofía (Univ.Paris I) y Doctora en Sociología por la Escuela de Altos Estudios en Ciencias Sociales (EHESS) de París. Se desarrolla como investigadora Principal del Conicet y Profesora Titular de la Universidad Nacional de La Plata. Recibió la Beca Guggenheim (2006); el diploma Kónex en sociología (2006) y en Ensayo Político-Sociológico (2014). Forma parte del Grupo Permanente de Alternativas al Desarrollo y del colectivo de intelectuales Plataforma 2012.

Entre sus libros se encuentran: Los que ganaron, la vida en los countries y barrios privados (2001), Entre la ruta y el barrio. La experiencia de las organizaciones piqueteras (2003), La sociedad excluyente. La Argentina bajo el signo del neoliberalismo (2005), Cambio de Época. Movimientos sociales y política (2008); 15 mitos y realidades de la minería trasnacional en la Argentina (2011), Maldesarrollo y La Argentina del extractivismo y el despojo, (2014, en coautoría con Enrique Viale). Además, publicó las novelas Donde están enterrados nuestros muertos (novela, 2012), y El muro (novela, 2013), y Maldesarrollo. La Argentina del extractivismo y el despojo (2014, en colaboración con E.Viale). www.maristellasvampa.net

Enrique Viale es abogado (UBA); realizó estudios de posgrado en la misma casa de estudios y se especializó en Derecho Ambiental. Es cofundador de la Asociación Argentina de Abogados Ambientalistas

(AAdeAA). Es miembro del Tribunal Ético por los Derechos de la Naturaleza y la Madre Tierra que preside Vandana Shiva (India) y también del Earth Law Alliance. Se desempeña como abogado litigante en numerosas causas por daño y recomposición ambiental. Forma parte del Grupo Permanente de Alternativas al Desarrollo y del colectivo de intelectuales Plataforma 2012. Milita en el Colectivo por la Igualdad.

Además de artículos en diversos libros, participó en el libro 15 mitos y realidades de la minería trasnacional en la Argentina (2011) y es coautor con Maristella Svampa de Maldesarrollo. La Argentina del extractivismo y el despojo (2014). enriqueviale@yahoo.com.ar